铜铝层状复合材料制备理论与技术

Theory and Technology for the Preparation of Copper-Aluminum Laminated Composites

谢敬佩　王爱琴　毛志平　杜凤山　黄宏军 等 著

科学出版社

北京

内 容 简 介

　　本书针对铜铝复合过程中铜铝易氧化、熔点差异大及容易产生脆性界面层等关键技术难题,采用多尺度计算机模拟、分子动力学计算和微观分析技术,揭示铸轧复合过程中铜铝界面的结构演变规律、协变变形和强化机制;基于扩散动力学,构建复合板界面退火过程的生长动力学方程;制定合理的加工工艺,有效控制铜铝复合板界面和结合性能。本书对推动铜铝层状复合材料制备及应用基础研究,促进以铝代铜及有色金属行业的产业结构调整,具有重要理论和应用价值。

　　本书可供从事装备制造、有色金属、复合材料等领域的科研工作者、工程技术人员、大学教师及研究生参考。

图书在版编目(CIP)数据

铜铝层状复合材料制备理论与技术 = Theory and Technology for the Preparation of Copper-Aluminum Laminated Composites / 谢敬佩等著. —北京:科学出版社,2021.4

　　ISBN 978-7-03-067236-0

　　Ⅰ. ①铜… 　Ⅱ. ①谢… 　Ⅲ. ①金属复合材料-研究 　Ⅳ. ①TG147

中国版本图书馆CIP数据核字(2020)第251988号

责任编辑:吴凡洁 罗 娟 / 责任校对:樊雅琼
责任印制:赵 博 / 封面设计:无极书装

科学出版社 出版
北京东黄城根北街16号
邮政编码:100717
http://www.sciencep.com
固安县铭成印刷有限公司印刷
科学出版社发行 各地新华书店经销

*

2021年4月第 一 版 　开本:720×1000 1/16
2025年1月第四次印刷 　印张:12 3/4
字数:241 000

定价:118.00 元

(如有印装质量问题,我社负责调换)

前　　言

铝和铜均具有良好的导电、导热性能，是电力传输和传热工程中的主要工程材料，在工业生产和国民经济中占有重要地位。我国是世界铝工业生产第一大国，占据全球产能的一半。我国也是铜材消费大国，超过全世界用铜量的一半。但我国的铜资源极其有限，现已探明的储量仅占世界的 5.5%，超过 75%的铜原料需要进口，供需矛盾日益加剧，铜资源成为重要战略。

铜铝层状复合材料属于先进层状结构材料，它将铜的低电阻、高导热系数与铝质轻价廉的特点完美结合，可使铜、铝两种金属在成本和性能上互相取长补短，产生极高的性价协同效应，其性能接近纯铜材料，成本大幅降低。铜铝层状复合材料在航空航天、电力电子、通信及光伏新能源等领域用板带箔等产品中全面实现以铝代铜。开展铜铝层状复合材料制备及应用基础研究，促进以铝代铜，有利于优化国家资源利用，推动有色金属行业的产业结构调整。

国内外铜铝层状复合材料制备工艺较多，但各有其局限性。爆炸复合法可以生产宽幅中厚板，但板型差、成材率低，且存在安全隐患，无法保证连续生产；固-固轧制复合工艺虽然可以采用异步轧制复合技术提高强度和制备宽度，但冶金结合效果差，后续扩散热处理也无法修复复合界面先天无冶金结合的不足，且工艺流程长；液-液复合可以实现良好冶金结合，但复合界面难控，复合过程中易造成界面层过度生长和烧蚀，材料性能不均且设备复杂。上述工艺方法虽然经过多年的完善，但很难实现宽幅铜铝复合板的高效连续、短流程生产。本书在国家自然科学基金-河南省联合基金重点项目支持下，针对铜铝复合过程中铜铝易氧化、熔点差异大及容易产生脆性界面层等关键技术难题，结合铜材和铝材各自的材料特性，开发了铜铝无氧半熔态连续铸造轧制复合工艺，采用多尺度模拟计算技术和微观分析技术，揭示了铸轧界面的微观结构，阐明了铸轧界面的形成机理；构建了水平铸轧过程的热流耦合模型，实现了界面的有效控制；揭示了铸轧复合板轧制过程界面的演变规律及协变和强化机制；基于扩散动力学，构建了复合板界面退火过程的生长动力学方程；制定了合理的加工工艺，有效控制了铜铝复合板界面和结合性能，研发了铜铝复合材料专用设备，建立了特有工艺的集成化工程技术生产线，从而大范围实现了铜铝、铜铝铜双金属复合板带箔规模化生产。主要研究工作如下：

（1）宽幅铜铝铸轧复合冶金结合机理研究。基于固-液连续铸轧复合材料界面的热扩散、原子扩散理论、能量学说、异种金属的冶金相容性，探讨复合板材界面化合物形成-破碎-微观结构演变的热力学及动力学条件,建立扩散动力学模型,阐明铸轧区固、液两相区段控制的比例关系,揭示固-液连续铸轧复合界面冶金结合机理。

(2)铜铝复合板微观结构演变、界面适配及性能调控机制研究。通过复合板材剥离强度、电导率、导热系数、力学性能测试与分析,界面 SEM、TEM、HREM微观结构表征,分析铸轧工艺对复合板材微观结构及性能的影响,探讨界面化合物与基体金属的结构适配性,阐明界面金属间化合物生长控制、合金添加元素在界面相变过程中的作用机理,建立界面结构演变动力学模型,阐明铸轧工艺参数、界面结构、性能映射关系,提出固-液连续铸轧复合制备宽幅铜铝层状复合材料工艺准则。

(3)铜铝固-液振动铸轧复合制备技术基础研究。以宽幅层状金属铜铝固-液振动铸轧复合为研究对象,针对界面复合缺陷、显微组织演变、物理冶金结合及最佳技术装备参数问题,开展固-液连续铸轧振动复合应用基础研究,揭示复合缺陷形成机理,提出预控措施,给出多因素工艺参数对复合质量的影响,力求在理论和制备技术上取得新的突破。

(4)多场耦合作用下复合板材基体组织与界面结构的协同性。研究单侧结晶辊振动基体铝金属凝固形核和枝晶破碎规律,阐明温度、累积高压剪切变形、大压下变形、时间与基体超细晶形成和界面微观结构之间的协同关系,提出震动铸轧复合最佳时域特性与频域特性,建立界面物理冶金结合的工艺条件判据,为系统仿真模型研究和复合缺陷预测奠定理论基础。

(5)多场耦合作用下的铸轧模拟仿真与组织预测。建立多场强耦合数值仿真模型,研究固-液卧式振动复合铸轧和立式复合铸轧在不同工艺参数下对复合铸轧带坯组织性能的影响,阐明不同振动系统下的凝固规律,预测复合板材的基体与界面微观结构。

(6)宽幅铜铝层状复合材料协同变形及再结晶机理研究。针对铸轧铜铝复合板材深加工过程中由异种金属可塑性及流变规律的差异导致变形的不对称性和不协调性,造成复合板分层、发生表面撕裂和界面开裂等问题,基于数值模拟技术和异种金属协同变形过程中多关联对象热传导扩散机理,开展轧制工艺参数与复合板材微观组织演变与性能的关联性研究,探讨铜铝金属变形过程中应力场分布、温度场分布、流变场分布、界面结构及基体板材织构演变规律,阐明铜铝复合板协同变形及再结晶机制,提出复合板材协同变形与再结晶的临界条件,形成铜铝复合板深加工轧制工艺准则。

(7)基于界面调控、性能适配的协同热处理工艺研究。针对铜铝复合板深加工轧制后界面化合物层的破碎、加工硬化及性能降低等问题,基于铜铝热处理工艺差异,开展铜铝复合板材中间退火和成品热处理的工艺制度的协同性研究,探讨热处理过程中界面化合物溶解、扩散与重构机理，基体再结晶及织构回复，组织、性能稳定性的关联性研究，建立界面特征模型，研究热处理工艺参数对铜铝层状复合材料基层、覆层微观组织、界面微观结构及性能的影响规律，阐明界面微观结构演变与性能适配的调控机制，构建宽幅铜铝层状复合材料及产品系统化热处理工艺准则。

(8)服役条件下的界面组织结构演化规律。研究在服役条件下铜铝层状复合产品界面组织结构变化规律及对界面结合层的影响。包括：受热条件与界面扩散的关系，扩散对界面层组织结构的影响，电场、电磁场作用下对界面扩散的影响及对组织结构的影响等。阐明服役条件下界面扩散层厚度的变化规律，探讨界面形成金属间化合物的条件，探明服役条件下组织结构变化对复合界面结合失效的影响机制，提出复合界面层结合失效的判据。

全书共八章，1.1节和第2章由谢敬佩教授撰写，1.2节由路王珂讲师撰写，1.3节由王文焱教授撰写，1.4节由马窦琴博士撰写，1.5节由苌清华博士撰写，1.6节由毛爱霞博士撰写，1.7节和第3章由杜凤山教授撰写，1.8节由袁晓光教授撰写，第4章由王爱琴教授撰写，第5章和第7章由毛志平博士撰写，第6章由柳培博士后撰写，第8章由黄宏军教授撰写。全书由谢敬佩教授统稿。

本书得到国家自然科学基金-河南省联合基金重点支持项目(U1604251)的资助。洛阳铜一金属材料发展有限公司符会文董事长、尚郑平总工程师、王项部长等做了大量的理论研究、工业试验及应用工作；河南科技大学李炎教授、柳培博士后、马窦琴博士、苌清华博士、毛爱霞博士、张衡硕士、路王珂硕士、黄亚博硕士、吕世敬硕士、刘帅洋硕士、田捍卫硕士做了数据处理及有关编写材料的准备工作；郑州大学贾瑜教授、张金平博士后做了计算机模拟及分子动力学计算方面的相关工作，在此表示衷心感谢。

本书是作者长期科研、教学及工业应用工作的总结。由于作者水平有限，加之半熔态铸轧宽幅铜铝复合材料过程复杂，没有标准可以参考，很多问题正处于不断发展和深入研究过程中，书中难免存在不妥之处，恳请读者批评指正。作者在此表示衷心的感谢。

联系地址：河南省洛阳市洛龙区263号，河南科技大学，邮编：471023，E-mail：xiejp@haust.edu.cn。

谢敬佩

2020年10月于洛阳

目　　录

第1章 国内外铜铝层状复合材料研究现状

1.1 铜铝层状复合材料的特点

材料是人类生存和发展不可缺少的物质基础。工业、农业的生产发展、科学技术的不断进步和人民生活水平的不断提高,都离不开种类繁多、性能各异的金属、陶瓷和高分子材料。随着社会经济和现代工业突飞猛进的发展,人类生活水平不断提高,社会节能意识不断增强,人们对材料的综合性能要求越来越高,因此传统的低性能、高耗能材料将逐渐被新型的清洁、节能复合材料所取代。

在所有复合材料中,金属层状复合材料又被广大研究学者所青睐。利用不同金属物理化学性质差异,设计研究具有高性能、低成本和高可靠性的复合材料,具有重要的现实意义。金属层状复合材料是利用两种或两种以上金属材料的不同性质,通过复合技术,实现异种金属界面间牢固结合的一种重要的复合材料[1]。金属层状复合材料不但具有各组成金属自身的特性,而且通过材料的层状组合,实现了层状复合材料特有的性能,同时弥补了单一材料的不足,从而获得了良好的综合性能[2,3]。

铜具有良好的导电和导热性能,其延展性好,便于加工,在电子电气、航空航天和机械工程等领域都得到广泛的应用。由于我国铜产量低,大量的铜需要进口,供需矛盾日益加剧,铜已经成为仅次于石油的重要战略资源[4]。铝的延展性强,具有良好的储热性能和较好的导电性能,是一种储量丰富并且应用广泛的轻金属[5]。我国是铝工业大国,铝资源世界第一[6]。铜铝层状复合材料将铜的低电阻、高导热系数与铝的质轻价廉特点结合,使铜、铝两种金属在成本和性能上取长补短,产生极高的性价协同效应,并且成本大幅降低。在航空航天、电力电子、通信及光伏新能源等领域用板、带、箔、排等产品中得到广泛的应用。开展铜铝层状复合材料制备及应用基础研究,促进以铝代铜,有利于优化国家资源利用,推动有色金属行业的产业结构调整[7,8]。

根据铜铝复合材料的使用场景,其产品主要包括铜铝复合板材、铜铝复合箔材、铜铝复合线材和铜铝复合过渡接头材料等。

1.1.1 铜铝复合板材和铜铝复合箔材

铜铝复合板材有铜铝、铜铝-铜和铜包铝等多种结构。由于铜铝复合板材具有优良的力学、电学和热学性能,其在以铝代铜,特别是代替紫铜板带方面具有突出的优势。铜铝复合板在导电排、太阳能热水器板芯、印制电路板、风力用叠层母排等都得到广泛的应用。铜铝复合板材的主要制备方法有轧制复合法[9,10]、爆炸复合法[11]、充芯连铸[12]和铸轧法[13]等。

铜铝复合箔材是铜铝复合板材的加工产品，具有优良的导电和防护屏蔽性能，目前已经在印刷电路板、电磁屏蔽电缆、锂离子电池组等领域得到应用。

1.1.2　铜铝复合线材

铜铝复合线材的结构一般外层为铜(多为紫铜)，心部为铝。在高频传输领域，由于"趋肤效应"，大部分高频电流会通过表层的铜进行传输，铜铝复合线材正是利用这一特点，在以铝代铜上具有突出的优势[14]。并且铜铝复合线材还具有质量轻、稳定性好和价格低等优点。铜铝复合线材的制备方法有轧制法、热浸法、挤压法和双流铸拉法等。

1.1.3　铜铝复合过渡接头材料

铜铝复合过渡接头的主要作用是解决铜铝直接连接带来的电腐蚀和高电阻铝问题。该种材料广泛应用于化工、电子和电气等领域。铜铝复合接头的主要制备方法有压焊、摩擦焊、热复合等，也可由铸轧复合方法制备的板材加工而成。

1.2　铜铝复合材料的生产方法

铜铝层状复合材料的制备方法有多种，基于结合时铜铝两相物态可分为三大类：固-固复合法、液-固复合法和液-液复合法。目前，研究较多的有轧制复合、爆炸复合、铸造复合和铸轧复合等。

1.2.1　轧制复合

轧制复合的研究时间较长，其最初的研究目的主要是解决稀有贵重金属的短缺。作为传统的固-固结合方式，从轧制温度上分类，轧制复合可分为冷轧复合和热轧复合。早在 20 世纪 50 年代，美国就开展了冷轧复合机的研究。复合的主要原理是复合金属在轧机的压力下产生较大的塑性变形，实现待复合金属新鲜表面的相互接触和嵌合，并通过退火处理促使双金属间相互扩散，实现冶金结合。典型的冷轧复合方法可分为三个步骤[15-17]：①待复合材料的预处理，②轧制复合，③退火处理。在冷轧复合过程中，轧制压下量和退火工艺的把握是实现高质量复合的关键因素。只有在足够高的压下量下，达到双金属相互咬合的加工阈值，才能实现复合材料的界面突破氧化层，实现良好的物理结合[18]。同时必须控制好退火参数，避免形成过厚或者有害的金属间化合物层[19-21]。采用轧制复合工艺制备铜铝层状复合材料,一般采用预处理-冷轧-退火强化三个步骤,即可获得较高的结合强度。针对以上步骤,研究大多集中在三个方面:①材料复合前的表面处理,多采用化学法、机械法和覆膜法等,同时,还出现电化学处理、激光处理等新的表面处理方法;②轧制的方法,包括热轧复合、冷轧复合、异步轧制复合和累积复合轧制等[22-24];③轧后复合板的退火强化。目前的研究主要集中在制备工艺、界面结构和材料性能方面[25-29]。

1.2.2　爆炸复合

爆炸复合一般是利用炸药爆炸所产生的高压,实现两种金属材料表面的高压短时接触,使复合金属界面间产生剧烈的形变、融化和相互扩散,从而实现两种或两种以上金属的焊接[30,31]。爆炸复合过程短、温度高,在实现金属材料复合的同时,避免了金属间化合物的大量生成,实现了高质量的复合。相对于其他复合技术,爆炸复合技术对复合金属材料的要求不高,能使多种不同种类的金属牢固地复合。通过爆炸复合制备的铜铝复合板,其界面结合区域实现了铜铝金属剧烈的塑性变形和熔化,具有较高的界面结合强度[12]。

1.2.3　铸造复合

铸造复合是一种典型的固-液复合方法,铸造复合过程根据复合材料的特点,采用浇注方法实现固态金属和液态金属(一般选用熔点较低的金属)的接触,在高温热作用下实现界面双金属原子相互扩散形成扩散区,从而实现复合[32-34]。由于铸轧复合技术涉及高温甚至高压,在铜铝界面间容易形成较厚的界面层或有害相,严重影响复合板的结合性能。因此设计合理的铸轧复合工艺,降低复合界面的有害相,是获得结合良好和性能优异复合材料的关键。

1.2.4　铸轧复合

铸轧复合是近年来在单金属铸轧工艺的基础上发展而来的一种液-固复合工艺,根据铸轧机的种类,铸轧复合可分为水平铸轧、垂直铸轧和倾斜铸轧等。铸轧复合过程是将熔点低的金属熔化并通过浇道导入铸轧区;通入冷却介质的铸轧轧辊具有轧制变形和结晶器的双重作用;根据复合材料的设计将复合金属带预先缠到铸轧轧辊上,在熔融金属进入轧辊后,与复合带材发生传热和传质作用,形成金属间化合物,实现双金属复合界面的冶金结合,保证了金属层状复合板界面的高强度结合。铸轧复合技术实现了铸造复合的高温和轧制复合的高压有效结合,其复合过程短,能制备出强结合的金属层状复合材料。与传统工艺相比,铸轧复合技术具有生产流程短、生产成本低、节能高效、可实现连续化生产和复合强度高等诸多优点[35]。目前,铸轧法已经实现了铜铝[13,36]、铝钛[37]、钢铝[38,39]、镁铝[40]和铝铝[41]等多种金属层状复合材料的制备。双辊铸轧制备的复合板，其界面具有结构平直、成分均匀、厚度薄（通常小于 10μm）等优点，从而保证了铸轧复合板优良的力学、电学和热学性能[38,42]。铸轧复合已经成为生产金属层状复合材料最有前景的技术之一。

1.3　固液振动复合铸轧新技术

固液复合铸轧脱胎于传统双辊薄带铸轧工艺，是一项将亚快速冷却凝固与轧制复合融为一体的层状复合材料制备新技术。该技术不仅具备短流程、快速化的优势，同时其复合过程中还兼有高温与高压两种促进不同组元金属界面实现物理冶金结合的必备条件，成为现今有关铜铝层状复合材料制备研究中的热门技术手段。但是其生产制备过程中依然存在铝基凝固组织质量缺陷以及界面冶金结合比率低等一系列技术问题，致使难以确保后期深加工及服役条件下的可靠性[43]。

铜铝固液复合铸轧工艺的铝基凝固组织质量缺陷主要表现为晶粒分层现象与晶粒粗大问题。该现象的直接诱因在于铸轧过程中结晶辊辊面单一方向的冷却梯度致使晶粒定向生长形成粗大柱状晶。而以柱状晶为主的凝固组织在受力状态下各向异性较为明显，并且柱状晶的定向生长方式还极易造成板带的中心线偏析及缩孔等缺陷[44]。该问题不仅存在于固-液复合铸轧工艺过程中，同时也是整个双辊薄带铸轧领域所面对的共性问题，长久以来制约着该工艺的产业化进程。因此，在工艺过程中采取必要手段抑制柱状晶生长，促进晶粒细化，以增加凝固组织中的等轴晶比例，是近年来铸轧领域研究的一个重要趋势。

最初普遍采用 Al-Ti-B 细化剂来促进形核，抑制柱状晶的生长，从而细化晶粒。但是过多地使用细化剂会增加生产成本，而且细化剂会导致铝熔液中生成 $TiAl_3$ 沉淀物，不仅影响晶粒细化效果还会降低板带力学性能[45]。

对此，许多学者提出在铸轧工艺内通过引入外加能场的方式打破枝晶固有的形核生长规律，以细化晶粒，实现增加凝固组织等轴晶比例的效果。许光明等[46]进行了在铝合金铸轧工艺过程中施加电磁场的试验研究。结果表明，在施加相同含量细化剂的情况下，施加电磁场后铸轧板坯凝固组织晶粒细化效果明显增强。其作用机理在于，电磁场在熔池中产生的感应电流与磁场交互作用形成洛伦兹力，对金属熔体起到搅拌作用，使金属液中形成强制对流，将初生晶体折断，同时打碎 Al-Ti-B 团簇，使熔体形成大量晶核，从而起到抑制枝晶生长、细化晶粒的作用。但是电磁场在实际生产中能耗较高，并且施加过程中极易发生"漏磁"现象造成能源浪费，因而该技术在铸轧工艺中的工业化应用前景存在一定的局限性。

同时，聂朝辉等[47]开展了在铝合金铸轧过程中施加超声波的试验研究工作，发现超声波的引入有助于凝固组织晶粒细化及均一化。梁根等[48]对这一问题的研究表明超声波在熔体中传播会发生有限的振幅衰减，从而产生一定的声压梯度，导致熔体内部流动。而且超声波的空化作用会导致熔体振荡，空化过程中气泡破裂时产生的局部高温会有效促使初生晶体折断，增加形核质点，提升形核率，以细化凝固组织晶粒。目前在铸轧工艺内通常采用超声变幅杆实现超声波的引入。由于工业级铸轧设备本身高封闭性的特点，其安装极为困难。并且由于金属液温度较高，超声变幅杆易于被烧蚀，服役寿命短。由于以上局限，超声波在铸轧工艺中的应用离工业化尚存在一定的差距。

同时在复合铸轧工艺内引入外加能场还有助于改善界面结合质量。Chen 等[49]在钢铝复合铸轧中施加电流脉冲和复合磁场的试验中发现，施加电流脉冲和同时施加电流脉冲与复合磁场，分别可使钢铝铸轧复合板带的界面结合强度提高 17%和 75%。程从前[50]研究了强磁场对 Sn-Cu 界面金属间化合物层生长行为的影响，研究表明强磁场有助于促进界面层金属间化合物生长，抑制界面层剥离，提高界面层厚度，增强复合界面性能。Liang 等[51]对冷轧铜铝复合带在磁场中热处理的研究发现，磁场的引入可以有效地提高界面结合强度。大量研究结果均表明电磁场等外加能场的施加，都可进一步增强复合板带的界面性能。但正如上文所述，磁场高耗能的特性极大地制约了该技术的工业化应用。

针对该问题，部分学者提出以改变界面应力状态的方式提升界面质量。朱琳等[52]提出了一种波纹辊轧制技术，将一侧压下辊辊形加工为波纹形式。在这种辊形下制备的复合板带，结合界面呈波纹形状，有效地增加了两种金属的结合面积，同时通过改变界面应力状态增加了界面"破碎与嵌入"能力，促进了硬脆表面金属和氧化膜的加速错动，有利于提升界面结合强度[53]。这种新工艺和异步轧制等方式都可以通过向复合界面施加剪切力改善界面结合情况[54]，但这些方式都难以在铸轧中应用。因此，燕山大学杜凤山教授团队[55]首创提出了固-液振动复合铸轧新技术，通过单侧辊持续做简谐式上下往复运动，向熔池区施加振动，利用振动造成的往复搓轧效果改变界面应力分布状态，提升界面"破碎与嵌入"能力，强化界面结合质量。同时，振动的引入还可以有效促使晶粒细化[56]，抑制杂质元素局部富集，以提升铝基凝固组织强韧度，大幅提高铸轧产品带坯的综合性能。

1.4　铜铝层状复合材料的铸轧复合制备及有限元模拟

1.4.1　金属层状复合板的铸轧复合方法

铸轧法的历史悠久，早在 1856 年，Bessemer 就提出了双辊铸轧(twin-roll casting, TRC)生产钢带的设想[57]。铸轧技术在 20 世纪 50 年代首次实现了铝带的制备[58]。经过上百年的发展，铸轧技术在工艺控制和单金属材料制备方面取得了显著进步，已经成功制备出铁[59]、铝[35]、镁[60]和铜[61]合金的板带材。铸轧复合法利用铸轧单金属过程的特点,在生产过程中引入需要复合的金属带材,利用短时的高温和高压,实现了多种材料高强度的复合。Bae 等[62]利用 TRC 技术成功制备了镁铝复合板,在制备过程中,将铝带插入熔化的镁和轧辊之间,研究发现界面层的主相为 $Mg_{17}Al_{12}$,实现了复合板的冶金结合。Grydin 等[39]采用 TRC 技术制备了铝钢复合带,其界面层厚度约为 3μm。通过铸轧过程形成成分均匀的界面层是获得高强度界面结合力的关键。Kim 等[37]采用垂直铸轧法制备了具有良好成形性和耐蚀性的钛铝复合板。铸造速度、铸轧区长度和铸造温度是双辊铸轧过程中的重要参数[63]。Huang 等[64]采用垂直铸轧技术,通过对浇注温度、铸轧速度和铜带预热温度等铸轧参数的调整,成功制备了铜铝复合板,并对铸轧过程界面层的演变进行了研究。在铸轧法制备金属层状复合材料的过程中,通过对铸轧参数调整和优化,实现界面层均匀化合和厚度的可控,是获得高强度界面的关键[65,66]。

1.4.2　铸轧复合过程的有限元模拟

采用铸轧复合技术生产金属层状复合材料,不仅要保证低熔点材料在铸轧区实现液态-液固态-固态的顺利转变,更重要的是保证在双金属界面处形成成分均匀、厚度可控的界面层,从而保证复合板的结合强度[66,67]。针对双辊铸轧复合过程的复杂性,采用有限元数值模拟的方法来对铸轧复合过程进行分析。大多数研究者采用 ANSYS 软件(CFX、Fluent 和 Flotran 模块)对镁、钢、铝及复合板双辊铸轧过程中主要工艺参数与温度场和流场的关系进行研究[68-74]。通过对铸轧参数(浇注温度、铸轧区长度、铸轧速度等)进行改变,研究铸轧区温度场和流场的特征。无论是垂直铸轧还是水平铸轧,铸轧区的熔区深度对材料顺利完成铸轧过程非常关键[75]。针对复合铸轧过程,Stolbchenko 等[76]采用二维有限元模拟双辊铸轧的复合过程,研究了变形区长度(轧制区长度)与双辊铸轧工艺参数的关系,发现铸轧温度、铸轧速度和板厚对变形区长度影响较大,这将影响板材的铸轧成形质量和界面的结合强度。Hadadzadeh 等[77]对水平铸轧复合过程进行模拟,分析了界面温度的变化规律,并结合相图对多种金属材料的复合进行了预测。结果表明,铸轧速度对双金属界面的温度场分布影响最大。在铸轧过程中的熔态金属液态比例对界面是否形成冶金结合具有决定作用。这种冶金结合的形成机制主要是通过热扩散作用,而这种作用主要发生在界面的液-固接触过程,因此界面的液相比例对界面的形成具有重要的作用。黄华贵等[13]针对垂直铸轧复合过程基于 Fluent 有限元软件进行了模拟研究,发现铸轧速度、铸轧温度和预热温度对确定熔池内流场分布和界面接触区的温度分布起着重要作用。铜铝界面复合板的力学性能取决于界面层的质量,界面温度的变化对双辊铸轧过程的影响很大。通过研究浇注速度和铸轧速度对液态深度的影响,发现界面扩散区宽度取决于界面固-半固接触时间。

1.5　铜铝层状复合材料的加工过程

铸轧生产的金属复合板，需要进行加工处理来满足实际的使用要求，常见的加工方法有轧制、退火、折弯和穿孔等。其中，冷轧和退火处理最为重要。冷轧处理的主要目的是加工出不同厚度的复合板、带和箔材，扩大应用范围；而退火处理则可有效改善基体材料轧制过程产生的加工硬化，改善其力学性能，以便进一步加工或使用。但在加工过程中，铸轧形成的界面层产生了变化，导致复合板结合性能降低、脆性层开裂和复合板失效等问题。针对这些问题，研究多集中在加工过程的界面特征和性能的演变规律[42,78]。双金属复合界面处形成的金属间化合物相具有明显的硬脆特征[79,80]，研究结果[81,82]表明，在复合板的形变过程中，这些硬脆相发生开裂，当界面层加厚时，还可导致界面分层的失效。但同时，复合板在变形过程中引起了界面微观结构上的改变，界面结合形式呈现了多样化。Wu 等[83]发现，双金属层状复合板界面容易形成硬质界面层。硬质层在轧制过程中的开裂会影响复合板的剥离强度。在铝层和硬化层裂纹之间发生机械锁紧可以提高剥离强度。Heydari Vini 等在研究双铝冷轧复合时发现，多道次轧制中，界面处的塑性剪应力随着加工量的增加而增大，对界面结合强度起到增强作用[84]。Kim 等的研究表明，轧制可以消除 γ 层中的柱状生长和反应层中的晶粒细化，从而提高镁铝复合板的结合强度[16]。

退火处理可以改善金属层状复合材料基体的力学性能。对轧制后的复合板来说，退火处理不仅可以消除加工硬化，提高基体的塑性，而且通过退火的热作用，使铜铝界面的原子相互扩散形成金属间化合物，对结合强度的提升起到重要作用[85,86]。Chen 等[42]通过对双辊铸轧生产的钢铝复合板进行退火处理，发现适当的退火处理工艺能有效改善界面层，消除界面层缺陷，提高界面的结合强度。通过退火过程的热扩散作用，可以改善铜铝复合板的界面微观结构[10]。然而，高温或长时间的热处理会导致多种金属间化合物相（Al_2Cu、$AlCu$、Al_3Cu_4 和 Al_4Cu_9）的产生和增厚[87]。界面微观结构的这种变化降低了复合板的结合强度[9]。Chen 等[88]针对退火过程铜铝复合板的结合性能进行了研究，发现退火温度对复合板的剥离强度影响很大，AlCu 相的产生和增厚严重削弱了界面的结合强度。

1.6　铜铝层状复合材料的界面研究

通过以上论述可以发现，铜铝层状复合材料在复合和加工过程的研究多集中在工艺对界面形貌的影响。采用有效的表征和分析手段对界面结构特征进行有效而全面的分析研究，设计合理的制备和加工工艺，实现对界面的有效控制，依然是研究的热点[89-94]。

1.6.1 界面表征与分析

金属层状复合材料由基层和界面层构成，界面层厚度在纳米或微米尺度。研究者多采用不同的微观表征方法对界面层的微观形貌和结合方式进行研究。目前，针对铜铝层状材料界面，常用的方法包括光学显微镜、扫描电子显微镜(scanning electron microscope, SEM)和透射电子显微镜(transmission electron microscope, TEM)等[9,95,96]。通过光学显微镜观测技术，结合样品抛光、腐蚀、阳极覆膜等方法，可以对复合材料基材的晶粒尺寸、形状和分布特征等进行表征研究，同时可以对微米级的界面形貌进行分析。扫描电子显微镜则可在纳米尺度上观测分析界面的结构，结合能谱仪、电子背散射衍射探头等配套设备，可对界面及基体的原子分布和组织织构进行分析研究。透射电子显微镜则可在亚显微结构尺度对界面组织构成、晶粒物相分布和相界结合情况等方面对界面结构进行全面的分析研究。同时，原位微观分析技术在研究界面层动态演变过程中起到重要作用，包括原位透射技术、原位电子背散射衍射技术和同步光源辐射技术等[97,98]。微观分析的样品制备技术也在不断进步，由于铜铝金属间化合物为脆性相，采用传统的离子减薄仪很难获得具有完整界面的样品。而利用聚焦离子束(focused ion beam, FIB)技术，可在扫描电子显微镜下对样品进行纳米尺度上的加工，具有样品加工过程可视可控、加工精度高的优点，FIB技术已经成为透射样品一种高效高质量的加工手段[99]。

1.6.2 界面相生长规律

采用相变热力学和扩散动力学对双金属界面各种物相的生成规律进行研究，可为各种界面层生长的预测及工艺控制提供理论依据，通过退火工艺的优化实现对界面层的微观结构演变和复合板性能控制[100-105]。早在20世纪70年代，Funamizu 等[106]就系统地研究了铜铝双金属的扩散情况，指出铜铝双金属界面存在五种金属间化合物相，结合铜铝二元相图(图 1.1)[107]，这五种相分别为 υ 相（Al_2Cu）、η_2 相（$AlCu$）、ζ_2 相（Al_3Cu_4）、δ 相（Al_2Cu_3）和 γ_1 相（Al_4Cu_9）。

这五种金属间化合物的物理属性见表 1.1。这些金属间化合物的晶体结构与铜铝基体不同，具有明显的硬脆性质，这些特点使复合材料在制备和加工过程容易产生较大的内应力和断裂，导致复合材料性能降低[108-110]。铜铝金属间化合物表现为硬脆性质，Kouters 等[111]采用热扩散的连接方式制备铜铝层状复合材料，研究不同温度下界面的演变规律，在300℃下界面结构为 Al_4Cu_9、$AlCu$ 和 Al_2Cu 三种相。Guo 等[112]利用等离子活化烧结技术制备了铜铝层状复合材料，其界面同样包含 Al_4Cu_9、$AlCu$ 和 Al_2Cu 三层金属间化合物，并通过有效形成热解释扩散层中

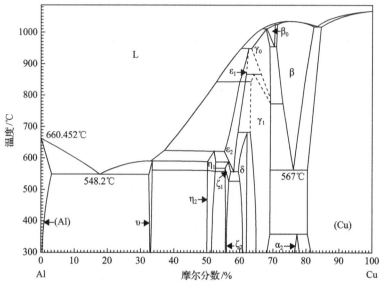

图 1.1　铜铝二元平衡相图[107]

Al_2Cu 最先形成的原因。在研究化合物生长过程中发现，化合物层的厚度与时间呈抛物线关系，生长受扩散控制，生长速率与反应温度满足阿伦尼乌斯(Arrhenius)关系，并计算了各化合物层的生长激活能[113]。Sheng 等[9]采用冷轧方法制备铜铝复合板，并研究热处理过程界面的变化规律，当界面层增长到一定厚度时，热处理温度和时间的作用效果会较弱。Lee 等[114]采用摩擦焊连接技术制备了铜铝复合接头，并基于扩散动力学理论研究了退火过程金属间化合物的生长规律，计算了扩散激活能。Tanaka 等[115,116]系统研究了铜铝通过液-固反应扩散的复合过程，计算了接头退火过程中各金属间化合物层的扩散激活能。在较低温度下，铜铝界面金属间化合物按照顺序先在铝侧生成 Al_2Cu 层，然后在靠近铜侧生成 Al_4Cu_9 层，而 AlCu 层在 Al_2Cu 和 Al_4Cu_9 之间形成[100,112]。采用不同的结合工艺，铜铝界面会有不同的微观形貌特征，即使退火工艺相同，根据扩散动力学计算而得的各铜铝金属间化合物层的扩散激活能依然有所差别[80]。

表 1.1　铜铝系统金属间化合物属性[106,117]

化学组成	晶体结构	硬度/MPa	热膨胀系数/$10^{-6}°C^{-1}$	电阻率/($\mu\Omega \cdot cm$)
Al_4Cu_9	立方	343	1.76	14.2~17.3
Al_2Cu_3	四方	1764.7	1.51	13.4
Al_3Cu_4	单斜	6115.2	1.61	12.2
AlCu	体心斜方	6350.4	1.19	11.4
Al_2Cu	四方	4047.4	1.61	7.0~8.0

1.7 界面与基体材料的协同作用及复合板的结合性能

1.7.1 界面与基体材料的协同作用

在铜铝层状复合材料的加工过程中，界面和基体金属材料之间存在相互作用的关系，基体材料的形变促使界面发生改变，而界面的变化则同时作用于基体金属材料。虽然基体金属材料形变能力不同，但界面层的作用导致复合材料共同发生形变。这种界面与基体材料的协同耦合作用是复合板轧制的必要条件，同时也是金属层状复合材料具有不同于单金属材料优异力学性能的基础。Nambu 等[118]通过研究异种钢复合材料的界面拉伸性能和结合性能的关系发现，随着界面结合强度的提高，拉伸延展性显著提高。结合强度较弱的复合板依然可实现均匀变形，这与界面结构的连续性相关。Li 等[108]研究了铜铝复合材料拉伸过程中界面效应和断裂行为，发现结合强度高的界面层对裂纹的扩展起到阻碍作用，而结合强度较弱的界面则因裂纹在界面缺陷中的扩展而分层。Huang 等[98]在研究钛铝层状复合材料时发现，层状结构在拉伸变形过程中改变了各层的应力状态，这种作用通过界面层来实现。Wang 等[119]指出，纳米尺度的界面层与基体层的相互作用能显著改善背应力，使各层间具有更长更强的耦合作用。Tan 等[120]报道，高应变速率下非均匀界面附近的应力梯度会影响超细晶铜镍层合板的力学性能。同时，层状复合板材料延伸性能提高的原因与层压结构所带来的颈缩延迟有关[121]，界面的作用主要体现在对局部颈缩的约束和延迟[122]。通过界面与复合板基体材料的相互作用，使金属层状复合材料具有良好的力学性能，一方面是由于特有的层状结构的本征特点；另一方面，界面基体材料的结合性能以及界面自身的性能也起到重要作用。

1.7.2 复合板的结合性能

对于金属层状复合材料，无论采用何种制备方法，其主要目的都是在复合板界面处产生界面结合力。而界面的结合方式和结合机理由于制备方法的不同而各有差别。目前，针对层状复合材料的界面结合机理有多种理论，主要包括机械啮合理论、薄膜理论、扩散理论、金属键理论、位错理论、三阶段理论等[123]。

机械啮合理论主要是指双金属在压力作用下，界面产生塑性形变并相互啮合，从而实现双金属的结合，是一种典型的固-固物理结合方式。薄膜理论主要认为，金属表面的氧化膜或硬化层是层状金属复合的障碍，只有其在复合板结合过程中破裂，复合材料的界面才有可能实现结合力。扩散理论主要指双金属界面层在热作用下实现原子间的相互扩散，从而具有形成冶金结合界面的可能。金属键理论主要是指两金属原子距离足够靠近时，形成双金属原子的外层自由电子成为共用自由电子的金属键结合。这种理论是双金属间结合形式的化学基础理论。

金属层状复合板在制备阶段形成的结合方式,在加工阶段也会改变,其主要表现为界面形貌特征和结合性能的变化。Sheng 等[9]在研究铜铝复合材料退火过程中界面结构时,采用剥离强度对复合板的结合强度进行表征。铜铝金属间化合物强度较高,但韧性差。化合物与铜铝基体的结合方式对复合板的结合强度影响很大。退火处理能改善铜铝复合板的结合强度,扩大界面冶金结合的比例。Li 等[10]在研究铜铝复合板非平衡轧制复合时发现,界面处的较大变形和挤压有利于结合强度的提高。Kim 等[124]指出,复合板的结合强度与界面层厚度具有直接的联系;对于厚的界面层,在变形过程中,裂纹多发生在界面内部。Jing 等[125]在研究多道次轧制复合时发现,复合板的结合强度随轧制道次的增加而增加。多道次轧制在界面处产生了大量局部嵌入,提高了界面结合强度。轧制压下量对界面层厚度影响不大[126]。Chen 等[88]系统研究了冷轧复合制备的铜铝复合板的界面及结合强度的变化规律,通过冷轧复合,界面间主要为机械啮合。经过退火处理后,界面在热的作用下形成界面层,产生冶金结合,从而提高了剥离强度;但高温下导致 AlCu 相产生,会削弱复合板的结合强度。其研究表明,剥离过程的裂纹主要沿着界面层断裂。Li 等[108]在对铜铝复合材料拉伸过程的界面效应和断裂过程中发现,复合板的断裂表面主要表现为脆性破坏特征。结合强度高的界面层对裂纹的扩展起到阻碍作用,而弱结合强度的界面则因裂纹在界面缺陷中的扩展而分层。Kouters 等[111]的研究表明,富铜金属间化合物 Al_4Cu_9 和 Al_2Cu_3 对断裂的敏感性低于富铝金属间化合物。然而,这些富铜金属间化合物的原子体积较小,在形成过程中会出现体积收缩。这可能会在热老化过程中引起较大的内应力[82]。

1.8 铜铝层状复合材料的应用与服役条件

2013 年 12 月 20 日,国家发展和改革委员会与工业和信息化部联合确立了"以铝节铜"的发展战略,工业和信息化部数据显示,2012 年我国仅电网行业就使用了超过 500 万 t 的铜,占全国铜总消耗量的 60%。而我国是一个铜资源相对缺乏的国家,绝大部分铜资源都要依赖进口,成本较高。铜铝层状复合材料的出现,则很大程度替代了纯铜制品的使用,达到了以铝节铜的目的。

众多研究表明,铜铝层状复合材料充分利用电流的集肤效应,可有效替代纯铜制品并广泛应用于各高频信号传输、电力传输及其他领域的导体材料中,如电力电缆导体材料、绞线材料、汽车与机车专用电缆导体材料、音频视频导体材料等。表 1.2 为某规格铜铝复合导线的相关参数。由表可见,铜铝复合材料的导电性介于铝与铜之间,虽然在使用过程中会较纯铜线产生更多的电损,但这不及产品制造所节约的成本;而复合材料的力学性能则相比组成基材的铝有所提高,可以使材料的应用具有更广泛的适应性。

表 1.2　铜铝复合导线的主要参数[127]

特性	单位	纯铜线	纯铝线	铜铝复合线
铜体积比	%	100	0	15
铜质量比	%	100	0	36.8
密度	g/cm^3	8.89	2.70	3.63
比热	kcal^①/(kg·K)	0.092	0.215	0.149
线膨胀系数	℃$^{-1}$	17×10^{-6}	24×10^{-6}	22×10^{-6}
电阻率	Ω·mm^2/m	0.01724	0.02740	0.02464
电导率(IACS)	%	100	62	70
抗拉强度(软态)	MPa	220~270	70~110	90~120
抗拉强度(硬态)	MPa	350~470	150~210	180~240
延伸率(软态)	%	30~45	23~25	25~30
延伸率(硬态)	%	0.5~2.0	0.5~2.0	0.5~2.0

①1kcal=1000cal=4.1868×10^{3}J。

除导电性与力学性能外，铜铝层状复合材料具有可以显著减轻材料质量的优点，使该材料在航空航天领域体现了极大的使用价值。众所周知，减重一直是航空航天材料科学需要解决的关键技术问题之一。目前，在国内外的航空航天领域中，为使整机达到减重效果，往往都需要对元器件进行减重，从而使元器件朝着小型化、轻量化的方向发展。如战斗机减重 1kg 则可增加 1km 的航程；航天器减重 1kg 可节约两万美元的发射费用，而铜铝复合材料在航空航天飞行器中对纯铜元器件的替代，就很大程度地节约了制造成本并提高了飞行器的性能，可见其意义重大。

此外，虽然纯铜具有良好的导热性，其热导率接近于铝的两倍，但其热容量比铝要小，加上铜的瞬间吸热速率是铝的 1.6 倍，而铝的散热速率则达到了铜的 2.3 倍等，铜铝复合材料也被广泛应用于制备各类散热器，如空调的散热管、计算机中央处理器(central processing unit, CPU)的散热片、电暖气等产品中。协同发挥了其组成材料的优势，利用铜热导率高的特点快速吸收热量，与铝散热快的特点将储存的热量快速散发出去，不仅提高了散热性能，还有效降低了成本。

根据铜铝复合材料的应用范畴，不难推断该材料的服役条件都是在大气环境下，与其他材料相同，大气腐蚀是影响其服役寿命最主要的因素之一。而实际服役条件下，材料两端还会加持持续的恒定电流，并且材料自身温度往往会高于室温。目前，众多研究表明材料中通过的电流会加速材料的腐蚀；材料自身温度的升高可以提高附着于材料表面侵蚀性离子的活性，也会加速材料腐蚀；再加上纯铜的标准电极电位为+0.35V，而纯铝的标准电极电位为-1.67V，两者形成电偶对，电位较低的铝为阳极，更易发生电偶腐蚀，可见铜铝复合材料在服役过程中面临三重不利因素。因此，研究铜铝复合材料的腐蚀行为，对这种新型材料的安全使用有重要意义，本书第 8 章简要介绍铜铝层状复合材料在服役条件的腐蚀机理与腐蚀行为，对该材料的工程应用具有一定的指导意义。

参 考 文 献

[1] 周生刚, 竺培显. 金属基层状复合功能材料的研制与性能[M]. 北京: 冶金工业出版社, 2015: 80-89.

[2] 彭大暑, 刘浪飞, 朱旭霞. 金属层状复合材料的研究状况与展望[J]. 材料导报 A: 综述篇, 2000, 14(4): 23-24.

[3] 徐涛. 金属层状复合材料的发展与应用[J]. 轻合金加工技术, 2012, 40(6): 7-10.

[4] 刘畅. 我国铜产业发展现状研究[D]. 北京: 中国地质大学, 2017.

[5] 张士林, 任颂赞. 简明铝合金手册[M]. 上海: 上海科学技术文献出版社, 2001: 1-12.

[6] 陈小红, 郑兴兴. 铝基复合材料的研究现状及发展[J]. 中国战略新兴产业, 2017, 16(2): 203-204.

[7] 刘润勇. 高性能铜铝复合带材的研制[J]. 电源技术, 2012, 36(1): 99-101.

[8] 黄崇祺. 中国金属导体 "以铝节铜" 前景[J]. 中国工程科学, 2012, 14(10): 4-9.

[9] Sheng L Y, Yang F, Xi T F, et al. Influence of heat treatment on interface of Cu/Al bimetal composite fabricated by cold rolling[J]. Composites Part B: Engineering, 2011, 42(6): 1468-1473.

[10] Li X, Zu G, Ding M, et al. Interfacial microstructure and mechanical properties of Cu/Al clad sheet fabricated by asymmetrical roll bonding and annealing[J]. Materials Science & Engineering: A, 2011, 529: 485-491.

[11] Honarpisheh M, Asemabadi M, Sedighi M. Investigation of annealing treatment on the interfacial properties of explosive-welded Al/Cu/Al multilayer[J]. Materials & Design, 2012, 37: 122-127.

[12] 吴春京, 于治民, 谢建新. 充芯连铸法制备铜包铝双金属复合材料的研究[J]. 铸造, 2004, 53(6): 432-435.

[13] 黄华贵, 季策, 董伊康, 等. Cu/Al 复合带固-液铸轧热-流耦合数值模拟及界面复合机理[J]. 中国有色金属学报, 2016, 26(3): 523-529.

[14] 蒋杰. 铜铝复合产品的对比及预测[J]. 中国有色金属, 2018, 8(2): 50-52.

[15] Masahashi N, Komatsu K, Watanabe S, et al. Microstructure and properties of iron aluminum alloy/CrMo steel composite prepared by clad rolling[J]. Journal of Alloys and Compounds, 2004, 379(1-2): 272-279.

[16] Kim J S, Lee K S, Kwon Y N, et al. Improvement of interfacial bonding strength in roll-bonded Mg/Al clad sheets through annealing and secondary rolling process[J]. Materials Science & Engineering: A, 2015, 628: 1-10.

[17] Maleki H, Bagherzadeh S, Mollaei-Dariani B, et al. Analysis of bonding behavior and critical reduction of two-layer strips in clad cold rolling process[J]. Journal of Materials Engineering and Performance, 2012, 22(4): 917-925.

[18] Zhao Y Y, Zhang Z Y, Jin L, et al. Effects of annealing process on sagging resistance of cold-rolled three-layer Al alloy clad sheets[J]. Transactions of Nonferrous Metals Society of China, 2016, 26(10): 2542-2551.

[19] Macwan A, Jiang X Q, Li C, et al. Effect of annealing on interface microstructures and tensile properties of rolled Al/Mg/Al tri-layer clad sheets[J]. Materials Science & Engineering: A, 2013, 587: 344-351.

[20] Zu G Y, Su X, Zhang J H. Interfacial bonding mechanism and mechanical performance of Ti/steel bimetallic clad sheet produced by explosive welding and annealing[J]. Rare Metal Materials and Engineering, 2017, 46(4): 906-911.

[21] Lee D H, Kim J S, Song H, et al. Tensile property improvement in Ti/Al clad sheets fabricated by twin-roll casting and annealing[J]. Metals and Materials International, 2017, 23(4): 805-812.

[22] Pan S C, Huang M N, Tzou G Y, et al. Analysis of asymmetrical cold and hot bond rolling of unbounded clad sheet under constant shear friction[J]. Journal of Materials Processing Technology, 2006, 177(1-3): 114-120.

[23] Wang H, Zhang D, Zhao D W. Analysis of asymmetrical rolling of unbonded clad sheet by slab method considering vertical shear stress[J]. ISIJ International, 2015, 55(5): 1058-1066.

[24] Qin Q, Zhang D T, Zang Y, et al. A simulation study on the multi-pass rolling bond of 316L/Q345R stainless clad plate[J]. Advances in Mechanical Engineering, 2015, 7(7): 1-13.

[25] Li H X, Wang J, Yang C L, et al. Interfacial characteristics of Zn/AZ31/Zn clad sheets fabricated by hot roll-bonding and annealing[J]. Materials Science and Technology, 2018, 34(18): 2260-2270.

[26] Jiang J, Ding H, Luo Z A, et al. Interfacial microstructure and mechanical properties of stainless steel clad plate prepared by vacuum hot rolling[J]. Journal of Iron and Steel Research International, 2018, 25(7): 732-738.

[27] Liu J G, Cai W C, Liu L, et al. Investigation of interfacial structure and mechanical properties of titanium clad steel sheets prepared by a brazing-rolling process[J]. Materials Science & Engineering: A, 2017, 703: 386-398.

[28] Qi Z C, Xiao H, Li N, et al. Mechanical properties and interfacial structure of Ti/Al clad plates generated by differential temperature rolling[J]. 2017 2nd International Conference on Advanced Materials Research and Manufacturing Technologies(Amrmt 2017), 2017, 229: 012037.

[29] Luo Z G, Wang G L, Xie G M, et al. Interfacial microstructure and properties of a vacuum hot roll-bonded titanium-stainless steel clad plate with a niobium interlayer[J]. Acta Metallurgica Sinica-English Letters, 2013, 26(6): 754-760.

[30] Yadegari M, Ebrahimi A R, Karami A. Effect of heat treatment on interface microstructure and bond strength in explosively welded Ti/304L stainless steel clad[J]. Materials Science and Technology, 2013, 29(1): 69-75.

[31] Bai Q L, Zhang L J, Xie M X, et al. An investigation into the inhomogeneity of the microstructure and mechanical properties of explosive welded H62-brass/Q235B-steel clad plates[J]. The International Journal of Advanced Manufacturing Technology, 2016, 90(5-8): 1351-1363.

[32] Lloyd D J, Gallerneault M, Wagstaff R B. The deformation of clad aluminum sheet produced By direct chill casting[J]. Metallurgical and Materials Transactions A, 2010, 41(8): 2093-2103.

[33] Wu L, Kang H J, Chen Z N, et al. Horizontal continuous casting process under electromagnetic field for preparing AA3003/AA4045 clad composite hollow billets[J]. Transactions of Nonferrous Metals Society of China, 2015, 25(8): 2675-2685.

[34] Han X, Zhang H, Shao B, et al. Study on fabrication of AA4032/AA6069 cladding billet using direct chill casting process[J]. Journal of Materials Engineering and Performance, 2016, 25(4): 1317-1326.

[35] Barekar N S, Dhindaw B K. Twin-roll casting of aluminum alloys—An overview[J]. Materials and Manufacturing Processes, 2014, 29(6): 651-661.

[36] Liu S Y, Wang A Q, Lu S J, et al. High-performance Cu/Al laminated composites fabricated by horizontal twin-roll casting[J]. Materialwissenschaft und Werkstofftechnik, 2018, 49(10): 1213-1223.

[37] Kim D W, Lee D H, Kim J S, et al. Novel twin-roll-cast Ti/Al clad sheets with excellent tensile properties[J]. Science Reports, 2017, 7(1): 8110.

[38] Chen G, Li J, Xu G. Bonding process and interfacial reaction in horizontal twin-roll casting of steel/aluminum clad sheet[J]. Journal of Materials Processing Technology, 2017, 246: 1-12.

[39] Grydin O, Gerstein G, Nürnberger F, et al. Twin-roll casting of aluminum-steel clad strips[J]. Journal of Manufacturing Processes, 2013, 15(4): 501-507.

[40] Park J J. Numerical analyses of cladding processes by twin-roll casting: Mg-AZ31 with aluminum alloys[J]. International Journal of Heat and Mass Transfer, 2016, 93: 491-499.

[41] Nakamura R, Haga T, Tsuge H, et al. Roll casting of aluminum alloy clad strip[J]. AIP Conference Proceedings, 2011, 1315(650): 650-655.

[42] Chen G, Li J T, Yu H L, et al. Investigation on bonding strength of steel/aluminum clad sheet processed by horizontal twin-roll casting, annealing and cold rolling[J]. Materials & Design, 2016, 112: 263-274.

[43] 季策, 黄华贵, 孙静娜, 等. 层状金属复合板带铸轧复合技术研究进展[J]. 中国机械工程, 2019, 15: 1873-1881.

[44] 杜凤山, 吕征, 黄华贵, 等. 双辊薄带铸轧中心线偏析机理与实验研究[J]. 中国有色金属学报, 2015, 10: 2738-3744.

[45] 吕野楠, 丁韧, 许光明. 细化剂对 5052 铝合金铸轧板材组织性能的影响[J]. 铸造技术, 2018, 6: 1218-1220.

[46] 许光明, 潘江深. 电磁场对 1100 铝合金铸轧板材组织的影响[J]. 铸造技术, 2017, 38(7): 946-949.

[47] 聂朝辉, 毛大恒, 张云芳. 超声波处理对铸轧铝板带组织的影响[J]. 轻合金加工技术, 2009, 04: 14-17.

[48] 梁根, 石琛, 毛大恒. 外加能场消除钢凝固成形缺陷的研究进展[J]. 机械工程材料, 2016, 40: 16-19.

[49] Chen G, Li J T, Xu G M. Improvement of bonding strength of horizontal twin-roll cast steel/aluminum clad sheet by electromagnetic fields[J]. Acta Metallurgica Sinica, 2018, 31(1): 55-62.

[50] 程从前. 强磁场对 Sn-Cu 界面金属间化合物层生长行为的影响[D]. 大连: 大连理工大学, 2010.

[51] Liang J, Wang P, Liu J. Research of the interface microstructure and thermal treatment of cold-rolled Cu-Al composite strip under magnetic field[J]. 第七届冶金与材料电磁过程国际会议, 北京, 2012.

[52] 朱琳, 黄庆学, 李玉贵, 等. 一种轧制金属波纹板的组合式轧辊: 中国, CN201420782402.X[P]. 2015.

[53] 王跃林. Mg/Al 复合板波纹辊轧制成形数值仿真及实验研究[D]. 太原: 太原理工大学, 2019.

[54] 吕震宇. 异步轧制铜/铝复合板界面结合强度研究[J]. 塑性工程学报, 2019, 26(4): 93-97.

[55] 吕征. 微振幅双辊薄带铸轧理论与实验研究[D]. 秦皇岛: 燕山大学, 2016.

[56] 杜凤山, 孙明翰, 黄士广. 双辊薄带振动铸轧机理及其仿真实验[J]. 中国机械工程, 2018, 29(4): 477-484.

[57] Bessemer H. Improvement in the manufacture of iron and steel: US, 49053[P]. 1856.

[58] 马锡良. 铝带坯连续铸轧生产[M]. 长沙: 中南工业大学出版社, 1992: 179-188.

[59] Wang Y, Xu Y B, Zhang Y X, et al. Effect of annealing after strip casting on texture development in grain oriented silicon steel produced by twin roll casting[J]. Materials Characterization, 2015, 107: 79-84.

[60] Zhang W, Ju D, Zhao H, et al. A decoupling control model on perturbation method for twin-roll casting magnesium alloy sheet[J]. Journal of Materials Science & Technology, 2015, 31(5): 517-522.

[61] Tang D L, Liu X H, Wang Z F, et al. Experimental study on twin-roll strip casting of Cu-9Ni-6Sn alloy[C]. 4th International Conference on Advanced Composite Materials And Manufacturing Engineering 2017, Rumunsk. 2017, 207: 012013.

[62] Bae J H, Prasada Rao A K, Kim K H, et al. Cladding of Mg alloy with Al by twin-roll casting[J]. Scripta Materialia, 2011, 64(9): 836-839.

[63] Vidoni M A R, Hirt S R A. Production of clad steel strips by twin-roll strip casting[J]. Advanced Engineering Materials, 2015, 17(11): 1588-1597.

[64] Huang H G, Dong Y K, Yan M, et al. Evolution of bonding interface in solid-liquid cast-rolling bonding of Cu/Al clad strip[J]. Transactions of Nonferrous Metals Society of China, 2017, 27(5): 1019-1025.

[65] Chen G, Xu G M. Effects of melt pressure on process stability and bonding strength of twin-roll cast steel/aluminum clad sheet[J]. Journal of Manufacturing Processes, 2017, 29: 438-446.

[66] Haga T. Casting of clad strip by a twin roll caster[J]. Materials Science Forum, 2014, 794-796: 772-777.

[67] Nakamura R, Haga T, Tsuge H, et al. Clad strip casting using a twin roll casters[J]. Manufacturing Process Technology, Pts 1-5, 2011, 4037: 189-193.

[68] Zhao H, Li P J, He L J. Coupled analysis of temperature and flow during twin-roll casting of magnesium alloy strip[J]. Journal of Materials Processing Technology, 2011, 211(6): 1197-1202.

[69] Liu L L, Liao B, Guo J, et al. 3D numerical simulation on thermal flow coupling field of stainless steel during twin-roll casting[J]. Journal Of Materials Engineering and Performance, 2014, 23(1): 39-48.

[70] Lee Y S, Kim H W, Cho J H. Process parameters and roll separation force in horizontal twin roll casting of aluminum alloys[J]. Journal of Materials Processing Technology, 2015, 218: 48-56.

[71] Xu M G, Zhu M Y. Numerical simulation of the fluid flow, heat transfer, and solidification during the twin-roll continuous casting of steel and aluminum[J]. Metallurgical and Materials Transactions B, 2016, 47(1): 740-748.

[72] Xu M G, Zhu M Y, Wang G D. Numerical simulation of the fluid flow, heat transfer, and solidification in a twin-roll strip continuous casting machine[J]. Metallurgical and Materials Transactions B, 2015, 46(3): 1510-1519.

[73] Fang Y, Wang Z M, Yang Q X, et al. Numerical simulation of the temperature fields of stainless steel with different roller parameters during twin-roll strip casting[J]. International Journal of Minerals Metallurgy and Materials, 2009, 16(3): 304-308.

[74] Zeng F, Koitzsch R, Pfeifer H, et al. Numerical simulation of the twin-roll casting process of magnesium alloy strip[J]. Journal of Materials Processing Technology, 2009, 209(5): 2321-2328.

[75] Saxena A, Sahai Y. Modeling of fluid flow and heat transfer in twin-roll casting of aluminum alloys[J]. Materials Transactions, 2002, 43(2): 206-213.

[76] Stolbchenko M, Grydin O, Samsonenko A, et al. Numerical analysis of the twin-roll casting of thin aluminium-steel clad strips[J]. Forschung Im Ingenieurwesen, 2014, 78(3-4): 121-130.

[77] Hadadzadeh A, Wells M A, Jayakrishnan V. Development of a mathematical model to study the feasibility of creating a clad AZ31 magnesium sheet via twin roll casting[J]. International Journal of Advanced Manufacturing Technology, 2014, 73(1-4): 449-463.

[78] Park J, Song H, Kim J S, et al. Three-ply Al/Mg/Al clad sheets fabricated by twin-roll casting and post-treatments (homogenization, warm rolling, and annealing)[J]. Metallurgical and Materials Transactions A, 2017, 48A(1): 57-62.

[79] Hug E, Bellido N. Brittleness study of intermetallic (Cu, Al) layers in copper-clad aluminium thin wires[J]. Materials Science & Engineering: A, 2011, 528(22-23): 7103-7106.

[80] Chen C Y, Hwang W S. Effect of annealing on the interfacial structure of aluminum-copper joints[J]. Materials Transactions, 2007, 48(7): 1938-1947.

[81] Kim I K, Hong S I. Effect of component layer thickness on the bending behaviors of roll-bonded tri-layered Mg/Al/STS clad composites[J]. Materials & Design, 2013, 49: 935-945.

[82] Kim I K, Hong S I. Effect of heat treatment on the bending behavior of tri-layered Cu/Al/Cu composite plates[J]. Materials & Design, 2013, 47: 590-598.

[83] Wu B, Li L L, Xia C, et al. Effect of surface nitriding treatment in a steel plate on the interfacial bonding strength of the aluminum/steel clad sheets by the cold roll bonding process[J]. Materials Science & Engineering: A, 2017, 682: 270-278.

[84] Heydari Vini M, Sedighi M, Mondali M. Investigation of bonding behavior of AA1050/AA5083 bimetallic laminates by roll bonding technique[J]. Transactions of the Indian Institute of Metals, 2018, 71(9): 2089-2094.

[85] Amistoso J O S, Amorsolo A V. Thermal aging effects on Cu ball shear strength and Cu/Al intermetallic growth[J]. Journal of Electronic Materials, 2010, 39(10): 2324-2331.

[86] Kouters M H M, Gubbels G H M, Ferreira O D. Characterization of intermetallic compounds in Cu-Al ball bonds: Mechanical properties, interface delamination and thermal conductivity[J]. Microelectronics Reliability, 2013, 53(8): 1068-1075.

[87] Li X B, Zu G Y, Deng Q. Effects of Annealing on the Growth Behavior of Intermetallic Compounds on the Interface of Copper/Aluminum Clad Metal Sheets[M]. Supplemental Proceedings. London: John Wiley & Sons, 2011: 895-901.

[88] Chen C Y, Chen H L, Hwang W S. Influence of interfacial structure development on the fracture mechanism and bond strength of aluminum copper bimetal plate[J]. Materials Transactions, 2006, 47: 1232-1239.

[89] Chu D, Zhang J Y, Yao J J, et al. Cu-Al interfacial compounds and formation mechanism of copper cladding aluminum composites[J]. Transactions of Nonferrous Metals Society of China, 2017, 27(11): 2521-2528.

[90] Lee K S, Lee S, Lee J S, et al. Evaluation of intermediate phases formed on the bonding interface of hot pressed Cu/Al clad materials[J]. Metals and Materials International, 2016, 22(5): 849-855.

[91] Zhao Z Y, Guan R G, Guan X H, et al. Microstructures and properties of graphene-Cu/Al composite prepared by a novel process through clad forming and improving wettability with copper[J]. Advanced Engineering Materials, 2015, 17(5): 663-668.

[92] Kim I K, Hong S I. Mechanochemical joining in cold roll-cladding of tri-layered Cu/Al/Cu composite and the interface cracking behavior[J]. Materials & Design, 2014, 57: 625-631.

[93] Kim I K, Ha J S, Hong S I. Effect of heat treatment on the deformation and fracture behaviors of 3-ply Cu/Al/Cu clad metal[J]. Korean Journal of Metals and Materials, 2012, 50(12): 939-948.

[94] Kim I K, Ha J S, Hong S I. Mechanical performance and fracture of 3-ply Cu/Al/Cu clad metals[J]. Advanced Materials Research, 2012, 557-559: 23-27.

[95] Oh-Ishi K, Edalati K, Kim H S, et al. High-pressure torsion for enhanced atomic diffusion and promoting solid-state reactions in the aluminum-copper system[J]. Acta Materialia, 2013, 61(9): 3482-3489.

[96] Xia C, Li Y, Puchkov U A, et al. Microstructure and phase constitution near the interface of Cu/Al vacuum brazing using Al-Si filler metal[J]. Vacuum, 2008, 82(8): 799-804.

[97] Moffat A J, Wright P, Helfen L, et al. In situ synchrotron computed laminography of damage in carbon fibre-epoxy [90/0](s) laminates[J]. Scripta Materialia, 2010, 62(2): 97-100.

[98] Huang M, Xu C, Fan G, et al. Role of layered structure in ductility improvement of layered Ti-Al metal composite[J]. Acta Materialia, 2018, 153: 235-249.

[99] Kim H G, Kim S M, Lee J Y, et al. Microstructural evaluation of interfacial intermetallic compounds in Cu wire bonding with Al and Au pads[J]. Acta Materialia, 2014, 64: 356-366.

[100] 秦静. Cu/Al复合带界面结合的热力学/动力学研究[D]. 赣州: 江西理工大学, 2012.

[101] Zhang J, Wang B H, Chen G H, et al. Formation and growth of Cu-Al IMCs and their effect on electrical property of electroplated Cu/Al laminar composites[J]. Transactions of Nonferrous Metals Society of China, 2016, 26(12): 3283-3291.

[102] Kim J I, Jin S W, Jung J, et al. Growth behavior of intermetallic compound in dissimilar Al-Cu joints under direct current[J]. Korean Journal of Metals and Materials, 2017, 55(6): 372-378.

[103] Hsieh C C, Shi M S, Wu W T. Growth of intermetallic phases in Al/Cu composites at various annealing temperatures during the ARB process[J]. Metals and Materials International, 2012, 18(1): 1-6.

[104] Mishler M, Ouvarov-Bancalero V, Chae S H, et al. Intermetallic compound growth and stress development in Al-Cu diffusion couple[J]. Journal of Electronic Materials, 2018, 47(1): 855-865.

[105] Chen J, Lai Y S, Wang Y W, et al. Investigation of growth behavior of Al-Cu intermetallic compounds in Cu wire bonding[J]. Microelectronics Reliability, 2011, 51(1): 125-129.

[106] Funamizu Y, Watanabe K. Interdiffusion in the Al-Cu system[J]. Materials Transactions Jim, 2007, 12(3): 147-152.

[107] Murray J L. The aluminium-copper system[J]. International Materials Reviews, 1985, 30: 311-334.

[108] Li X B, Yang Y, Xu Y S, et al. Deformation behavior and crack propagation on interface of Al/Cu laminated composites in uniaxial tensile test[J]. Rare Metals, 2018, 5: 1-8.

[109] Xue P, Xiao B L, Ni D R, et al. Enhanced mechanical properties of friction stir welded dissimilar Al-Cu joint by intermetallic compounds[J]. Materials Science & Engineering: A, 2010, 527(21-22): 5723-5727.

[110] Alizadeh M, Talebian M. Fabrication of Al/Cu composite by accumulative roll bonding process and investigation of mechanical properties[J]. Materials Science & Engineering: A, 2012, 558: 331-337.

[111] Kouters M H M, Gubbels G H M, O'halloran O, et al. Characterization of intermetallic compounds in Cu-AI ball bonds layer growth, mechanical properties and oxidation[J]. Microelectronics Reliability, 2013, 53(8): 1068.

[112] Guo Y J, Liu G W, Jin H Y, et al. Intermetallic phase formation in diffusion-bonded Cu/Al laminates[J]. Journal of Materials Science, 2010, 46(8): 2467-2473.

[113] 郭亚杰, 刘桂武, 金海云, 等. Cu 和 Al 箔扩散结合界面相生长行为研究[J]. 稀有金属材料与工程, 2012, 41(2): 281-284.

[114] Lee W B, Bang K S, Jung S B. Effects of intermetallic compound on the electrical and mechanical properties of friction welded Cu/Al bimetallic joints during annealing[J]. Journal of Alloys and Compounds, 2005, 390: 212-220.

[115] Tanaka Y, Kajihara M. Evaluation of interdiffusion in liquid phase during reactive diffusion between Cu and Al[J]. Materials Transactions, 2006, 47(10): 2480-2488.

[116] Tanaka Y, Kajihara M, Watanabe Y. Growth behavior of compound layers during reactive diffusion between solid Cu and liquid Al[J]. Materials Science & Engineering: A, 2007, 445-446: 355-363.

[117] 岳安娜, 彭坤, 周灵平, 等. Al/Cu 键合系统中金属间化合物的形成规律及防治方法[J]. 材料导报, 2013, 27(17): 117-121.

[118] Nambu S, Michiuchi M, Inoue J, et al. Effect of interfacial bonding strength on tensile ductility of multilayered steel composites[J]. Composites Science and Technology, 2009, 69(11-12): 1936-1941.

[119] Wang Y, Yang M, Ma X, et al. Improved back stress and synergetic strain hardening in coarse-grain/nanostructure laminates[J]. Materials Science & Engineering: A, 2018, 727: 113-118.

[120] Tan H F, Zhang B, Luo X M, et al. Strain rate dependent tensile plasticity of ultrafine-grained Cu/Ni laminated composites[J]. Materials Science & Engineering: A, 2014, 609: 318-322.

[121] Wu H, Fan G, Huang M, et al. Deformation behavior of brittle/ductile multilayered composites under interface constraint effect[J]. International Journal of Plasticity, 2017, 89: 96-109.

[122] Liu H S, Zhang B, Zhang G P. Delaying premature local necking of high-strength Cu: A potential way to enhance plasticity[J]. Scripta Materialia, 2011, 64(1): 13-16.

[123] 祖国胤. 层状金属复合材料制备理论与技术[M]. 沈阳: 东北大学出版社, 2013: 15-21.

[124] Kim I K, Hong S I. Effect of heat treatment on the bending behavior of tri-layered Cu/Al/Cu composite plates[J]. Materials & Design, 2013, 47: 590-598.

[125] Jing Y A, Qin Y, Zang X, et al. The bonding properties and interfacial morphologies of clad plate prepared by multiple passes hot rolling in a protective atmosphere[J]. Journal of Materials Processing Technology, 2014, 214(8): 1686-1695.

[126] Heness G, Wuhrer R, Yeung W Y. Interfacial strength development of roll-bonded aluminium/copper metal laminates[J]. Materials Science & Engineering: A, 2008, 483-484: 740-742.

[127] 宋丽娜, 岳旭东. 铜包铝线的生产现状与发展[J]. 金属世界, 2008, 2: 39-41.

第2章　铜铝复合板铸轧工艺数值模拟

2.1　复合板铸轧过程模型建立

基于铜铝复合板铸轧传热的复杂性，本书采用 Fluent 软件和有限体积法建立铜铝复合板铸轧过程的二维稳态层流模型。在模型建立之前进行基本假设，并用 ANSYS Workbench 平台的 Design Modeler 和 Meshing 模块完成几何建模和划分网格。在 Fluent 模块中导入 JMatPro 软件获取 1050Al 的热物性参数，并对模型的边界条件进行计算和设置。铜铝复合板铸轧模型的正确建立也是数值模拟的关键一步，本节将从以下几个方面详细介绍。

2.1.1　基本假设

铜铝复合板铸轧试验是浇注的铝液与铜带在辊缝间经过温度和压力的双重作用使铜铝复合板达到冶金结合状态，较高的热量被旋转辊中的循环冷却水带走，凝固传热极其复杂，因此选择稳态进行分析，以减少计算机的计算量，提高效率。在建立模型过程中有以下基本假设[1]：

(1)将铝液视为连续不可压缩的牛顿流体，流动状态稳定。

(2)不考虑铜带在铸轧过程中的受力变形。

(3)忽略铸轧时铜铝交界面处产生的固溶体和金属间化合物过渡层对传热产生的影响。

(4)铸轧区和铜带的接触选择耦合接触，将壁面设为耦合壁面进行热量传输。

(5)将辊套内表面设置为与冷却水的均匀对流换热。

(6)忽略不同结构之间的相互滑动，只考虑铸轧辊的转动。

(7)铸轧的铜铝复合板厚度远小于宽度，因此不考虑侧封部位的传热，并简化为二维模型。

(8)忽略振动和铸嘴分流对流体流动状态的影响。

2.1.2　材料参数

采用 1050Al 和 T2 Cu 作为模拟用材料，辊套材质为 32Cr3Mo1V，根据《变形铝及铝合金化学成分》(GB/T 3190—2008)所给出的铝材化学成分见表 2.1，用 JMatPro 软件计算出材料的物性参数，见表 2.2 和表 2.3[2,3]，凝固潜热为 397.92J/g。c 为比热(J/(kg·K))，k 为导热系数(W/(m·K))，μ 为液体黏度(g/(m·s))，ρ 为材料密度(kg/m³)。

表 2.1　1050Al 化学成分值　　　（单位：%（质量分数））

牌号	Si	Fe	Cu	Mn	Mg	Zn	V	Ti	其他（单个）	Al
1050	≤0.25	≤0.4	≤0.05	≤0.05	≤0.05	≤0.05	≤0.05	≤0.03	≤0.03	99.5

表 2.2　1050Al 的物性参数

参数	300K	673K	873K	923K	930K	1073K
$c/(J/(kg·K))$	906	1075	1429	42100	1172	1173
$\lambda/(W/(m·K))$	225	218	205	158	90	94
$\mu/(kg/(m·s))$	100	100	8.323	1.002	0.00133	0.000997

表 2.3　辊套和铜带的物性参数

名称	$\rho/(kg/m^3)$	$c/(J/(kg·K))$	$k/(W/(m·K))$
辊套	7830	560	31
铜带(T2)	8920	386	398

2.1.3　几何模型

　　二维几何模型的创建主要用到了 ANSYS Workbench 平台的 Design Modeler 几何实体建模模块。图 2.1 为铜铝复合板水平铸轧几何模型的宏观和局部示意图，宏观图简单分为四个区域，从上到下依次是上辊套、铜带、铝液熔池和下辊套[4]。在局部图中四个区域的接触边界分别在图中用数字 1~6 表示，1 和 2 表示上辊套和铜带的接触边界，3 和 4 表示铜带和铝液的接触边界，5 和 6 表示铝液熔池和下辊套的接触边界。辊套的内径和厚度分别为 920mm 和 40mm。铝液铸轧区的长度为图中 9 和 Y 轴之间的距离。7 和 8 分别表示铝液入口和铸嘴边界，其坐标原点在铸轧区出口边界上，水平方向为 X 轴，垂直方向为 Y 轴。

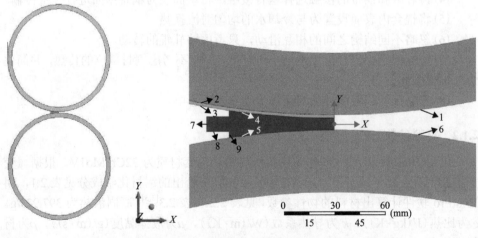

图 2.1　铜铝复合板水平铸轧几何模型的宏观和局部示意图

2.1.4　划分网格

根据以上提出的网格划分流程，在对铜铝复合板铸轧几何模型网格划分时，确定物理场为流场，用四边形和三角形单元划分法处理，设置整体网格划分参数，包括网格尺寸函数、膨胀网格(inflation)、平滑度等[5]。铸轧区边界是热量传输的关键部位，划分网格时对其边界接触附近进行加密，预览网格如图 2.2 所示，并检查网格质量，Element Quality 图表中的值接近 1，说明网格质量良好。

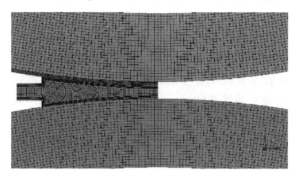

图 2.2　网格划分示意图

2.1.5　边界条件

完成网格划分和求解之前必须确定需解决问题的初始条件和边界条件。一般情况下，对于收敛问题，设置初始条件是相对简单的，仅需输入参数就行，只要符合要求，就对计算结果影响不大。而边界条件的选择和设置对求解结果影响较大，会导致计算方向上的偏差。Fluent 提供了以下四类边界条件[6]。

(1)内部单元区域：固体和流体。

(2)内部表面边界：内部边界、风扇、多孔跳跃和散热器等。

(3)进出口边界条件：压力、质量进口、质量出口和速度等。

(4)壁面条件：对称、轴、周期和壁面。

在铸轧过程中，铜带与上辊套之间、铝坯壳与铜带、铝坯壳与下辊套之间发生的接触传热属于热传导过程，主要遵循傅里叶定律，即

$$q' = -k\frac{\mathrm{d}T}{\mathrm{d}x} \tag{2.1}$$

式中，q' 为热流密度；k 为导热系数；"$-$"表示热量从高温向低温传递。

上下辊套的内表面与冷却水之间的传热属于热对流过程，用牛顿冷却方程计算，即

$$k_1 \frac{\mathrm{d}T}{\mathrm{d}x} = h_\mathrm{w}(T - T_\mathrm{B}) \tag{2.2}$$

式中，k_1 为辊套导热系数；h_w 为对流换热系数；T 为辊套表面温度；T_B 为循环冷却水温度。h_w 可以通过下式计算[7]：

$$\frac{h_\mathrm{w}D}{k_\mathrm{w}} = 0.023 \left(\frac{Dv_\mathrm{w}}{\eta}\right)^{0.8} \left(\frac{c_\mathrm{w}\eta}{k_\mathrm{w}}\right)^{0.4} \tag{2.3}$$

式中，D 为冷却水的当量直径(m)；k_w 为冷却水导热系数(W/(m·K))；v_w 为冷却水流量(kg/(m²·s))；c_w 为冷却水的比热(J/(kg·K))；η 为冷却水黏度(kg/(m·s))。

　　虽然每个区域和边界都有热辐射存在，但是由于数值影响较少，可以忽略不计。在模拟时将边界接触设置成耦合接触，铸轧区与铜带边界的接触热阻为 0(m²·K)/W，将其他壁面设置成绝热壁面，热交换系数为 0W/(m²·K)，通过铜带的外边界来设置铜带初始温度。

　　铜带、上辊套和下辊套的旋转设置是边界条件设置的关键步骤，上下辊套旋转方向相反，转速大小相等，互为相反数，因走坯方向与辊套、铜带相切，转速可以通过走坯的速度计算得出，即

$$\omega = \frac{v_\mathrm{outlet}}{R} \tag{2.4}$$

式中，R 为辊套半径或紧贴辊套的铜带半径；v_outlet 为铜铝复合板走坯速度。

　　出口设置成 outflow，主要通过轧辊的牵引移出铸轧区，由于质量守恒的原则，单位时间内走坯的量与铝液流入的量相等，可以计算出入口速度，即

$$v_\mathrm{inlet} \times h_\mathrm{inlet} = v_\mathrm{outlet} \times h_\mathrm{outlet} \tag{2.5}$$

式中，h_inlet 为二维模型中铝液入口高度；h_outlet 为铸轧区出口高度。

2.2　不同厚度复合板的铸轧数值模拟

　　在铜铝层状复合材料铸轧制备过程中，铜层和铝层厚度比、工艺参数合理设置与调整是制备复合强度高、板型良好的铜铝复合板的必要条件，获得工艺参数的变化对复合板效果的影响规律，对铸轧复合制备铜铝复合板材具有一定的指导意义[8,9]。选择走坯速度为 0.5m/min，浇注温度为 973K，进行不同厚度铜铝复合板的铸轧模拟。图 2.3 为不同厚度铜铝复合板铸轧时的温度场分布和液相率场分布，图中铸轧区右侧的数字分别表示铸轧后铝层厚度和铜层厚度。保持铝层厚度为8mm，铜层厚度由 2mm 减少到 1mm 时，铸轧区出口位置温度升高，液穴深度比增大。当保持铜层厚度为 1mm，铝层厚度由 8mm 减少到 5mm 时，铸轧区出口位置

温度逐渐降低，液穴深度比减小。由图 2.3(b)中液相率场分布可得，经过计算，不同厚度的铜铝复合板铸轧时液态和半固态区占整个铸轧区面积比值对应图中尺寸依次为 15.9%、14.2%、12.5% 和 15.4%，较大的液态和半固态区比例有助于铜铝原子的相互扩散，适当的液穴深度比能增加轧制力，能增大机械咬合力，因此选择铜铝厚度分别为 8mm 和 2mm 进行铸轧模拟，并探索其不同工艺参数下的影响规律。

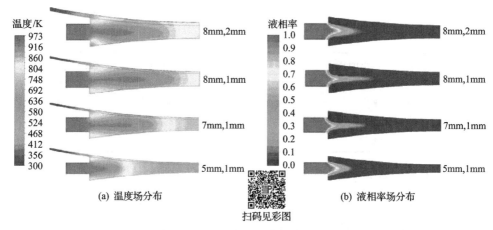

图 2.3　不同厚度铜铝复合板铸轧时的温度场分布和液相率场分布

2.3　工艺参数正交方案数值模拟

铸轧过程中，铝液经过铸轧区时，由于高温、高压作用，铜铝之间发生原子扩散、反应扩散，高温可以使表面铜原子的能量升高，进而与铝原子发生置换，形成边界层，适当的压力不但能加速扩散，还能使原子填充缺陷和减少界面附近的缩孔、缩松产生。压力变形由压下率决定，随着压下率的增大，轧制力对界面复合的作用逐渐明显，初始界面被破坏，形成二次创口，产生的新鲜表面相互嵌合，增大表面复合率和复合强度。压下率过大，将使板带变形量超出轧机或轧辊承受范围，出现"轧卡"现象，影响生产效率，增加成本；若铸轧过程中由于各种因素造成铝液浇注后热量散失较少，在出口处还未完全进入固相区，就容易造成漏液、断带和弯板等现象，废品率增多[10,11]。

正交设计是一种研究多因素多水平的设计方法，该方法是根据正交性，从全部试验或模拟中挑选具有代表性的数据点进行分析。选取的代表性数据点具有整齐可比和均匀分散的特点，是一种快速、经济、高效的设计分析方法。

1. 正交模拟设计

铜铝复合板铸轧过程中，铝液铸轧区温度分布和铸轧区内部液相区、液固相区、固相区的分布影响因素较多。本节设置铜、铝出口厚度分别为 2mm、8mm，把走坯速度(V)、铝液浇注温度(T_{Al})、铸轧区长度(L)、铜带预热温度(T_{Cu})作为变量来研究，各个变量之间存在交互作用，若要进行全面研究，工作量大、效率较低，因此用正交分析法进行研究，通过安排多因素模拟分析，寻求最优水平和范围组合[12]。因素水平参数见表 2.4。选用 $L_{16}(4^4)$，进行 4 因素、4 水平正交模拟分析。

表 2.4　因素水平参数

序号	因素 $A(V)$/(m/min)	因素 $B(T_{Al})$/K	因素 $C(L)$/mm	因素 $D(T_{Cu})$/K
1	0.5	933	35	300
2	0.8	953	50	473
3	1	973	65	573
4	0.3	993	80	673

2. 正交模拟极差分析

获得良好成形的铜铝复合板带的关键在于将液穴深度占铸轧区长度的比值严格控制在一定范围内，对液穴深度比进行定义并作为重要指标，公式为

$$\alpha = \frac{L_{kiss}}{L} \tag{2.6}$$

式中，液穴深度 L_{kiss} 为铸轧区入口到完全凝固点的距离；L 为铸轧区长度。

正交模拟数据见表 2.5，观察表中求出的极差数据 R，该值越大，表示该因素的参数变化对液穴深度的影响越大；反之，该值越小，表示该因素的参数变化对液穴深度的影响越小，因此可以得到各因素的重要程度顺序为：走坯速度＞铸轧区长度＞铜带预热温度＞浇注温度。

3. 正交模拟因素与指标分析

图 2.4 表示因素与指标关系曲线，主要根据表 2.5 中的 k_1、k_2、k_3、k_4 和液穴深度比 α 数据得出。由图可知，随着走坯速度和铜带预热温度的增加，液穴深度比逐渐增加。随着铸轧区长度的增加，液穴深度比逐渐减小。其中，浇注温度增加达到一定值时，液穴深度比增加缓慢。相关研究表明，液穴深度比大于 50%时，铝带容易出现分层、局部组织疏松、表面裂纹等缺陷[13]。为了得到冶金结合效果较好的铜铝复合板，液穴深度占整个铸轧区间的比值要小于 50%。由于浇注温度对凝固的影响较小，且对应的液穴深度比值在 50%附近，因此可以放宽对浇注温度范围的选取。根据图 2.4 中的曲线确定比较合适的工艺参数范围为：走坯速度 0.3～0.6m/min、铸轧区长度 57～80mm、铜带预热温度 300～431K、浇注温度 933～993K。

表 2.5 正交模拟数据

编号	因素				$\alpha = \dfrac{L_{kiss}}{L}$
	A	B	C	D	
1	1	1	1	1	0.552
2	1	2	2	2	0.621
3	1	3	3	3	0.229
4	1	4	4	4	0.345
5	2	1	2	3	0.765
6	2	2	1	4	0.925
7	2	3	4	1	0.33
8	2	4	3	2	0.412
9	3	1	3	4	0.598
10	3	2	4	3	0.485
11	3	3	1	2	1
12	3	4	2	1	0.813
13	4	1	4	2	0.043
14	4	2	3	1	0.072
15	4	3	2	4	0.504
16	4	4	1	3	0.470
k_1	0.4367	0.4895	0.7368	0.4418	
k_2	0.608	0.5258	0.6758	0.519	
k_3	0.724	0.5158	0.3278	0.4873	
k_4	0.2723	0.51	0.3008	0.593	
R	0.4517	0.0363	0.436	0.1512	

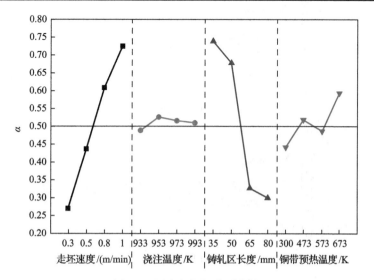

图 2.4 因素与指标关系曲线

2.4　不同走坯速度铸轧的数值模拟

1. 走坯速度对铸轧过程中温度场分布的影响

当铸轧区长度为 70mm、铜带预热温度为 300K 时进行数值模拟。图 2.5(a)、(b) 和 (c) 是浇注温度为 963K 时走坯速度分别为 0.3m/min，0.5m/min 和 0.8m/min 下的温度场分布，走坯速度的提高，使得温度场温度显著升高。在入口附近，靠近铜带温度比靠近下辊套的温度高，原因是铝液在刚进入铸轧区时，与铜带和下辊套的温差都较大，热作用使铜带表面原子间隙增大，铜原子获得能量发生跃迁，与铝原子之间相互扩散，接触热阻较低，而铸轧区前端与下辊套接触热阻较大，因此铸轧区前端热量向铜侧转移，入口位置靠近铜侧的温度较高。图 2.5(d) 为对应图 2.5(a)、(b) 和 (c) 中的温度场出口的温度变化，走坯速度从 0.3m/min 增加到

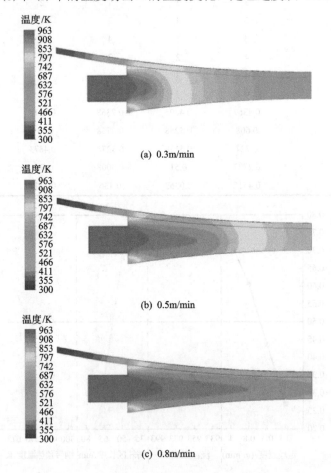

(a) 0.3m/min

(b) 0.5m/min

(c) 0.8m/min

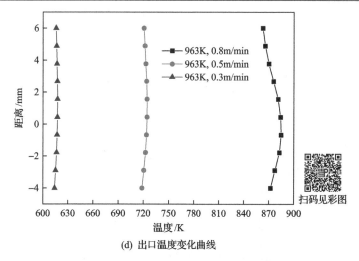

(d) 出口温度变化曲线

图 2.5　浇注温度为 963K 时不同走坯速度下的温度场和出口温度分布

0.5m/min 时，出口温度平均增加 105℃左右，当走坯速度从 0.5m/min 增加到 0.8m/min 时，出口温度平均增加 163℃左右，出口温度随走坯速度变化较快，因此当进行工艺参数调整时，走坯速度的变化梯度不应太大。

2. 走坯速度对铸轧过程液相率分布的影响

图 2.6 为浇注温度 963K 时不同走坯速度下的液相率分布,蓝色部分为固相区,红色部分为液相区,其他颜色部分为固-液区。在入口附近,靠近铜带的坯壳比靠近下辊套的坯壳薄,原因与图 2.5 中的温度场在入口附近靠近铜带温度比靠近下辊套的温度高的原因相同,入口位置靠近铜侧的温度较高,液相率低,导致坯壳较厚。根据图 2.1 建立的坐标系测得这三个温度场的完全凝固点坐标,随着走坯速度的增加,完全凝固点坐标逐渐向铸轧区后下方移动。这是由于刚进入铸轧区的铝液受接触热阻影响较大,铜带与上辊套的接触热阻要比铸轧区与下辊套的大,会造成靠近上辊套的部分热量传递慢,温度偏高,凝固较慢。随着铸轧的进行,铜带较高的导热系数使热量迅速向未与铸轧区接触的铜带传递,使得靠近铜带的铝液加速凝固,导致完全凝固点下移。

3. 走坯速度对铸轧过程接触时间和压下率的影响

图 2.7 为半固态/固态接触时间和压下率随走坯速度变化曲线,因为铜带与铸轧区接触弧长(70.23mm)不变,所以当走坯速度为 0.3m/min、0.5m/min 和 0.8m/min 时,铜带与铸轧区总接触时间分别为 14s、8.4s 和 5.4s。当走坯速度为 0.3m/min 时,尽管半固态/固态接触时间为 1.6s,但总的接触时间较长,会使界面换热较多,导致出口温度较低,与图 2.5(d)相照应,容易造成得到的铜铝复合板的铜侧外边

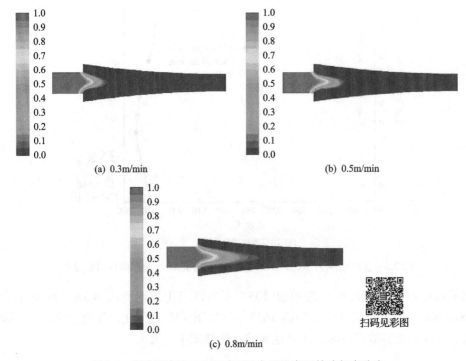

(a) 0.3m/min　　　　　　　　　(b) 0.5m/min

(c) 0.8m/min

扫码见彩图

图 2.6　浇注温度为 963K 时不同走坯速度下的液相率分布

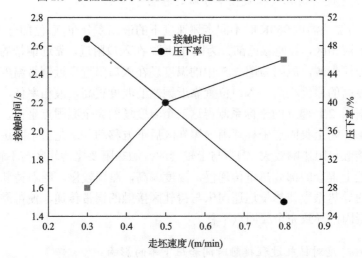

图 2.7　半固态/固态接触时间和压下率随走坯速度变化曲线

面氧化严重和局部起皮。当走坯速度为 0.8m/min 时，轧制压下率为 26%，由于在轧制区压下率太低，金属表面破裂程度小，新鲜表面产生少，无法形成充分的机械咬合，且铸轧区与铜带总的接触时间较短，整体原子扩散较慢，会导致铜铝结合状态差。轧制压下率太低也容易造成局部疏松多孔。如图 2.7 所示，半固态/固态接触时间二阶导数小于零，随着走坯速度增大，轧制区压下率比固态/固态接触时间变化大，因此，轧制区压下率对铜铝复合效果的影响逐渐起主导作用。

2.5　不同浇注温度铸轧的数值模拟

1. 浇注温度对铸轧过程中温度场分布的影响

当铸轧区长度为 70mm、铜带预热温度为 300K 时进行数值模拟。走坯速度为 0.5m/min，浇注温度为 923K、943K 和 963K 时温度场如图 2.8(a)～(c)所示，随着浇注温度的升高，温度场变化较小，这与正交模拟结果相符，其影响程度次于走坯速度。在入口附近，靠近铜带和下辊套的温度场与图 2.5 中走坯速度对入口附近传热的影响规律相似。图 2.8(d)为对应图 2.8(a)～(c)中的温度场出口温度变化，浇注温度从 923K 增加到 943K 时，出口温度平均增加 40℃左右，

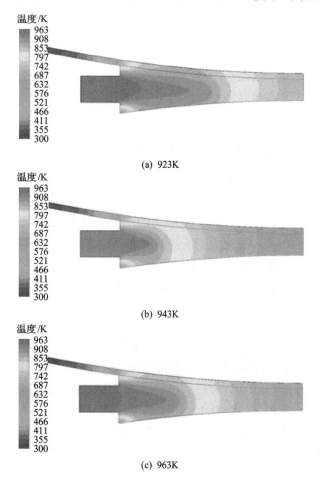

(a) 923K

(b) 943K

(c) 963K

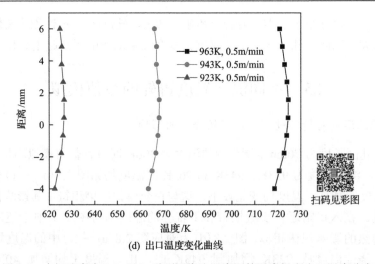

(d) 出口温度变化曲线

图 2.8　走坯速度为 0.5m/min 时不同浇注温度下的温度场和出口温度分布

当浇注温度从 943K 增加到 963K 时，出口温度平均增加 60℃左右，随着浇注温度的升高，出口温度虽然提升较少，但出口温度变化也有增加，说明热交换和循环冷却水带走的热量逐渐减少，过冷度降低，有可能导致晶粒变大，力学性能降低。因此，调整工艺参数时，不能只考虑加剧铜铝原子扩散，还要考虑铝侧晶粒变化。

2. 浇注温度对铸轧过程液相率分布的影响

图 2.9 为走坯速度 0.5m/min 时不同浇注温度下的液相率分布，蓝色部分为固态区，红色部分为液态区，其他颜色部分为固-液区，左侧标尺表示液相率大小。由图可知，随着浇注温度的升高，液穴深度所占铸轧区长度的比值越来越大，其液穴深度比小于 50%，与正交模拟所得的温度参数范围和因素与指标变化规律相符。但是，当浇注温度为 923K 和 943K 时，液穴深度较小，极易因铝液凝固太快而损坏铸嘴，同时也会增大轧制力，对铸轧机功率提出更高的要求。

3. 浇注温度对铸轧过程接触时间和压下率的影响

图 2.10 为半固态/固态接触时间和压下率随浇注温度变化曲线，半固态/固态接触时间是指铝液在完全凝固之前与铜带的接触时间。当浇注温度为 923K 时，半固态/固态接触时间为 0.9s，较短的接触时间导致铜铝表面能量较低，原子无法充分扩散，铜层和铝层之间结合力较弱；轧制区压下率达 49%，较大的压下率会导致轧制区变形不均，造成铜铝复合板表面有皱纹。当浇注温度为 963K 时，半固态/固态接触时间为 2.2s，原子获得热量较多，得到充分扩散，轧制区压下率为 40%，可以造成一定的机械咬合，形成二次创口，提高铜铝结合强度，冶金结合

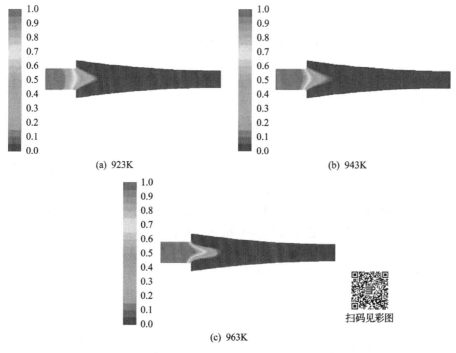

(a) 923K　　　　　　(b) 943K

(c) 963K

扫码见彩图

图 2.9　走坯速度为 0.5m/min 时不同浇注温度下的液相率分布

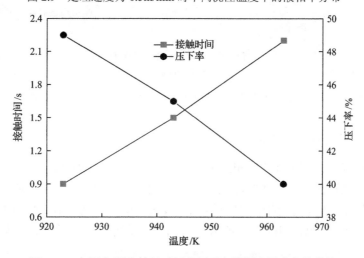

图 2.10　半固态/固态接触时间和压下率随浇注温度变化曲线

较好。由图 2.10 可知，半固态/固态接触时间二阶导数大于零，随着浇注温度的提高，半固态/固态接触时间比轧制区压下率变化大，因此半固态/固态接触时间对铜铝复合的影响作用逐渐提高。走坯速度一定，随着浇注温度的增加，液穴深度变化增大。

2.6 复合板铸轧试验验证

1. 走坯速度对铜铝复合的影响

图 2.11 为浇注温度 963K 时不同走坯速度下的铜铝复合状态的宏观照片。如图所示,当走坯速度为 0.8m/min 时,虽然未出现漏铝液现象,但复合板出现局部未复合的情况,主要原因是走坯速度太快,铜、铝接触时间太短,原子来不及充分扩散,造成复合率较低。当走坯速度为 0.3m/min 时,可以看出表面颜色暗淡和明显突起,主要原因是走坯速度较低时接触时间长,界面换热较多,铜带表面温度过高,铝液凝固过程产生缩孔和析出的气体聚集在复合界面处,造成表面颜色暗淡和鼓泡突起。而走坯速度为 0.5m/min 时,复合情况良好,具有一定的剥离强度。总而言之,当走坯速度较低时,提高走坯速度,有利于控制固态/半固态接触时间,减少热量在铜带外表面的集中,当走坯速度较高时,降低走坯速度,有利于控制轧制区压下率,增加机械咬合力和铜铝原子扩散。该不同走坯速度下的铜铝复合状态与模拟分析一致。

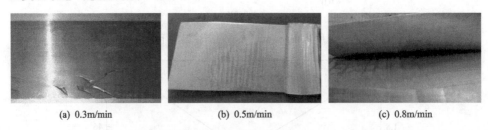

(a) 0.3m/min   (b) 0.5m/min   (c) 0.8m/min

图 2.11 浇注温度为 963K 时不同走坯速度下的铜铝复合状态

2. 浇注温度对铜铝复合的影响

图 2.12 为走坯速度 0.5m/min 时不同浇注温度下的铜铝复合状态的宏观照片。由图可知,当浇注温度为 923K 时,会出现铜带起皱的情况,主要原因为温度较低,铝液过早凝固,轧制区占铸轧区比例较大,压下率高,造成受力不均,形成表面褶皱。当浇注温度升高至 963K 时,褶皱情况消失,复合情况良好。因此,

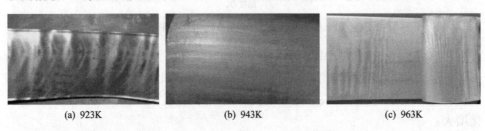

(a) 923K   (b) 943K   (c) 963K

图 2.12 走坯速度为 0.5m/min 时不同浇注温度下的铜铝复合状态

当浇注温度较低时，提高浇注温度，有利于控制轧制区所占铸轧区的比例，进一步控制轧制区压下率，减少铜带变形，提高铜层和铝层的复合强度。该不同浇注温度下的铜铝复合状态与模拟分析相一致，提高了模拟指导生产的可行性。

3. 出口温度测量

为了进一步验证模拟的准确性，试验过程中通过热电偶测量靠近铜带的铝基体温度，测量数据与模拟结果对比见表 2.6。表 2.6 中，最大误差为 2.8%，在可接受范围之内。仿真分析结果与实际测量结果基本一致，表明了数值模拟方法与结果分析的可靠性。

表 2.6　测量数据与模拟结果对比

浇注温度/K	模拟/K	实测/K	误差/%
923	626	641	2.3
943	667	680	1.9
963	722	743	2.8

参 考 文 献

[1] 黄华贵, 季策, 董伊康, 等. Cu/Al 复合带固-液铸轧热-流耦合数值模拟及界面复合机理[J]. 中国有色金属学报, 2016, 26(3): 623-629.

[2] 董建宏, 王楠, 陈敏, 等. 双辊薄带铸轧熔池内流场和温度场数值模拟[J]. 过程工程学报, 2014, 14(2): 211-216.

[3] 刘艳, 周成, 谢建新. 双带式金属带材快速成形过程的流动场与温度场三维耦合模拟[J]. 塑性工程学报, 2008, 15(3): 174-179.

[4] 赵鸿金, 王达, 秦镜, 张迎晖. 铜/铝层状复合材料结合机理与界面反应研究进展[J]. 热加工工艺, 2011, 40(10): 84-87.

[5] 黄志新, 刘成柱. ANSYS Workbench 14.0 超级学习手册[M]. 北京: 人民邮电出版社, 2013: 1-79.

[6] 唐家鹏. FLUENT 14.0 超级学习手册[M]. 北京: 人民邮电出版社, 2013: 71-133.

[7] 胡仕成, 湛利华, 曹浚, 等. 连续铸轧辊套传热分析[J]. 中南大学学报(自然科学版), 2002, 33(3): 293-296.

[8] 秋海滨, 张明, 张军亮. 固-液相金属铸轧复合方法研究[J]. 世界有色金属, 2016, 34(10): 15-19.

[9] 路王珂, 谢敬佩, 王爱琴, 等. 退火温度对铜铝铸轧复合板界面组织和力学性能的影响[J]. 机械工程材料, 2014, 38(3): 14-17.

[10] 仇灵. AZ31B 镁合金双辊铸轧温度场的有限元模拟及实验研究[D]. 长沙: 中南大学, 2010: 5-28.

[11] Miao Y C, Zhang X M, Di H S, et al. Numerical simulation of the fluid flow, heat transfer, and solidification of twin-roll strip casting[J]. Journal of Materials Processing Technology, 2006, 174(1-3): 7-13

[12] 李斌, 孙斌煜, 王立, 等. 基于 Fluent 的铸轧因素对温度场影响的显著性分析[J]. 特种铸造及有色合金, 2014, 34(6): 587-589.

[13] 杜万明. 铸轧铝板带铸轧区内液穴深度变化规律的探讨[J]. 轻合金加工技术, 1999, 27(10): 11-14.

第3章 层状复合材料固液振动铸轧新技术

3.1 层状复合材料固液振动铸轧技术简介

燕山大学杜凤山教授团队基于固液铸轧复合工艺中的液基凝固组织质量缺陷及界面冶金结合比率低等技术问题，率先提出了双辊薄带固液振动复合铸轧短流程新技术[1]，其工艺过程如图3.1所示。两结晶辊放置于同一水平面上，两辊同步驱动，右侧结晶辊辊面覆以固基金属带材。金属带由自张紧开卷机构提供张紧力，端部由卷取机牵引。在中间包内将液基金属熔化至开浇温度，经由浇铸装置注入两侧结晶辊与侧封板围成的熔池中，浇铸速度由塞棒进行控制。注入熔池的金属液在结晶辊及固基金属带表面凝固，然后在凝固终了点(kiss 点)经轧制塑性变形成为双金属层状复合薄带。在铸轧过程中，左侧结晶辊持续进行简谐式上下往复运动，向熔池区施加振动。在凝固过程中振动可以有效打碎液态铝凝固过程枝晶

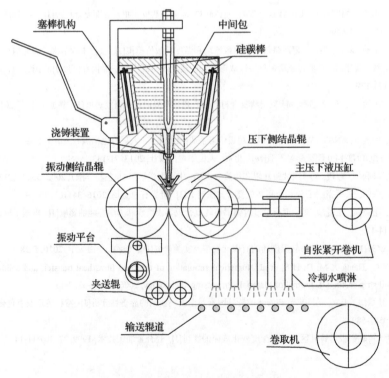

图 3.1　固-液振动复合铸轧工艺过程图

形核规律促使其晶粒细化。同时，振动也会在塑性变形区形成往复搓轧的作用效果，向复合层施加双向剪切力，促使铝原子突破复合界面铜化合物分子层，强制复合界面铝原子的扩散与钉扎，确保满足高压、强剪、温控等复合要素条件，强化复合界面的物理冶金结合。该项研究对提高复合材料性能，实现层状金属复合材料全面技术提升具有重要价值。

3.2　$\phi 500\text{mm} \times 350\text{mm}$ 双辊薄带微振幅铸轧机

3.2.1　$\phi 500\text{mm} \times 350\text{mm}$ 双辊薄带微振幅铸轧机主要特色

燕山大学杜凤山团队针对固-液振动复合铸轧这一新技术开展深入研究，自主设计并研发了 $\phi 500\text{mm} \times 350\text{mm}$ 半工业级微振幅铸轧机（图 3.2），该铸轧机主要由冶炼系统、主传动系统、浇铸系统、结晶辊辊系、液压控制系统、振动平台、电控操作台及冷却水循环系统等几部分组成。铸轧机的主要技术参数见表 3.1。

表 3.1　双辊薄带铸轧机主要技术参数

辊身直径/mm	辊身长度/mm	铸轧速度/(m/min)	铸坯厚度/mm	激振振幅/mm
500	350	0~90	1~5	0~1
激振频率/Hz	最大轧制力/t	最大扭矩/(kN·m)	可铸轧产品	
0~50	40	12	普通钢、不锈钢、硅钢、铝合金及复合板等	

图 3.2　双辊薄带铸轧机实物图

1. IGBT 电源；2. 电机及传动系统；3. 中频炉；4. 中间包；5. 冷却水箱；6. 液压泵站；7. 人工操作台；8. 电控操作台；9. 梯具平台；10. 铸轧机主体

此铸轧机采用ϕ500mm 结晶辊和上注式浇铸工艺、水平布置双结晶辊的方案。上注式带钢铸轧机具有结构简单、易于控制、双面对称结晶、内部质量好等特点。ϕ500mm×350mm 半工业级微振幅铸轧机，总重约 25t，高 3.7m，最大铸轧力 40t，可铸轧碳钢和硅钢等合金钢种、铝合金及复合板带等产品。该铸轧机的主要特点有：

(1) 采用浮动辊缝控制技术，根据铸轧力反馈调节辊缝，以保证铸轧工艺稳定。

(2) 采用振动凝固和耦合搓轧技术，有效改善带坯心部的凝固组织。

(3) 采用振幅振频调控系统，可精确调节振幅 0～1mm、频率 0～50Hz，适于不同振动铸轧工艺的要求。

(4) 采用侧封板和水口整体预热装置。

1. 浮动辊缝控制技术

早期的铸轧机械普遍采用恒定辊缝技术以确保生产出来的产品连续稳定，即在铸轧的过程中，保证两个结晶辊的相对位置固定不做调整，通过调整液面高度或浇铸速度对整体铸轧系统进行调整，该调整方式有诸多弊端：kiss 点位置波动会造成轧制力突变；系统稳定性差，容易造成铸轧区的恶性循环；传统恒定辊缝技术并非绝对的"恒定辊缝"，铸轧区结晶辊温度相对较高，结晶辊受热膨胀，膨胀量最大可达 0.5mm 以上，且各区域的膨胀量并不一致。因此，铸轧工艺并不适用于采用传统的恒定辊缝技术，目前国内外先进的铸轧机均采用浮动辊缝调节工艺。

浮动辊缝调节工艺即在铸轧的过程中，通过对轧制力、kiss 点位置、出口带坯温度等参数进行检测，以适时地微量调整辊缝开度以保证铸轧工艺的相对稳定。但是现有的浮动辊缝技术还无法有效解决铸轧开浇和稳定阶段的调控问题。燕山大学杜凤山团队提出了一种新型的浮动辊缝调控技术。该技术的控制工艺分为两个阶段：

(1) 开浇阶段，由于流场、温度分布及钢液冲击等一系列不稳定因素会引起液面波动剧烈，从而致使铸轧力和 kiss 点位置随机性突变。开浇时控制液压缸以较大的液压力将结晶辊辊系推至轴承座限位块并持续保持压力，此时两结晶辊保持恒定辊缝稳定进而开浇。针对开浇阶段容易发生卡钢等问题，在这种设计中轧制力升高会作用于结晶辊致使辊缝增大，过厚的坯壳可在结晶辊的带动下由辊缝流出，从而杜绝了卡钢问题。

(2) 稳定阶段，通常结晶辊旋转 10～20 圈后，铸轧过程进入稳定阶段，此时整个系统流场、温度场分布均处于相对稳定状态，此时可采用较小的液压力进行微调，并确保 kiss 位置位于辊缝出口以上 5～15mm 相对稳定。

该浮动辊缝调控技术的优点是可根据铸轧过程的开浇阶段和稳定阶段的特点

分别独立控制，根据反馈的轧制力在线调整辊缝开度以确保 kiss 点稳定，浮动辊缝技术还可有效预防卡钢并保护结晶辊，延长结晶辊使用寿命。

2. 微振幅振动铸轧技术

大量的试验和实际生产经验证明，在铸造、焊接、半熔态加工等工艺时，振动不仅可以促使正处于凝固过程中的金属熔体快速形核，还可以细化晶粒(破碎枝晶)、抑制偏析(均化组织)，进而改善第二相的大小、形态和分布，从而改善金属的结晶组织，提高金属性能。此外，振动还可以除气除杂(净化熔体)、增强补缩、提高密度。大量实践证明，频率范围为 10～100Hz 振动可以对几乎所有的金属晶体的凝固和细晶起到促进作用。铸轧机将振动细晶引入双辊薄带铸轧领域，通过振动方式提高形核率以细化带坯的凝固组织，提高产品性能。

3.2.2　铸轧机结晶辊辊系设计

1. 辊系结构设计

结晶辊辊系是整个铸轧机最核心的部件。钢液进入熔池后直接与结晶辊接触，凝固与轧制都是在结晶辊的作用下完成的。正常浇铸工艺下，结晶辊不仅需要承受轧制应力、热变形应力、装配的过盈力，还要承受反复的高温热冲击，因而结晶辊要求有较好的导热性能和强度，同时满足耐急热急冷和耐交变疲劳的特性。结晶辊主要由辊芯和辊套两部分组成(图 3.3)。结晶辊辊套材料采用 20CrMo 材质调质处理，该低碳合金钢不易在反复冷热交替的工况下出现龟裂纹，辊芯采用 35CrMo 材质。两者通过过盈装配结合在一起并通过焊接密封水道。

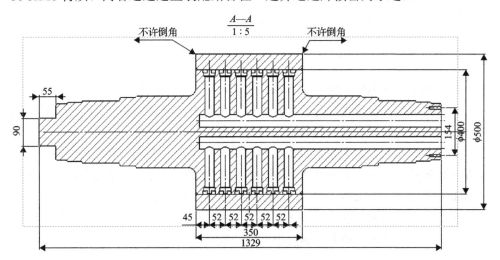

图 3.3　铸轧机结晶辊结构图(单位：mm)

2. 辊系水道流场的数值仿真与分析

铸轧机设计了辊系内部水道为 2 进 2 出，4 水孔对称布置，同时在辊芯和辊套间设置若干环形水槽用于均匀冷却结晶辊辊套。为了确保各水道内的流量和流速相近以均匀冷却结晶辊表面，利用 Fluent 软件对结晶辊水道流场进行分析，采用 k-ε 算法求解湍流模型，水道入口水压为 0.3MPa。水道的流场仿真结果如图 3.4 所示。

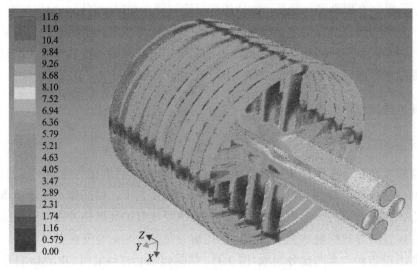

扫码见彩图

图 3.4　结晶辊水道流速分布云图

由图 3.4 可知，正常工况条件下水道外圈的水流速度较为均匀，水的平均流速约为 3.2m/s，各水道流速误差不超过 10%。

3. 结晶辊辊系模态分析

铸轧机将振动凝固的概念引入铸轧工艺，在微振幅铸轧机采用振动平台激振结晶辊的方式引入振动源用于破碎枝晶提高形核率。对结晶辊进行模态分析，以确定结晶辊的各阶固有频率和各阶主振型，分析结果如图 3.5 所示。

结晶辊辊系的一阶主振型对应的固有频率是 472.33Hz，二阶主振型的固有频率是 621.90Hz。振动频率应避开辊系的各阶固有频率，考虑到结晶辊振动频率是由 0Hz 逐渐升高至额定频率，因而振动频率应低于 400Hz 防止结晶辊系统发生共振，共振会引起机械结构产生很大的振动量和动应力，甚至使结晶辊报废。铸轧机设计振动频率为 0～50Hz，满足模态设计要求。

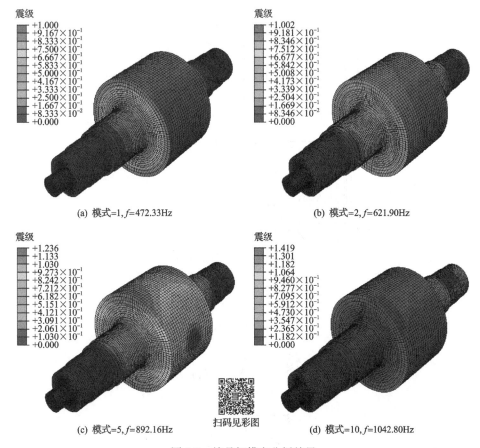

图 3.5 结晶辊模态分析结果

3.2.3 振动系统设计

1. 振动平台结构设计

新研发的铸轧机引入微振幅振动技术，辊系的振动原理如图 3.6 所示。振动侧结晶辊辊系固定于振动平台上。振动平台激振机构由偏心套带动旋转，偏心套机构分为一级偏心套和二级偏心套，两偏心套相互配合，通过调节两个偏心套间的偏心夹角就可改变振动平台的振幅。缓冲弹簧装置用以平衡辊系自身的重力和轧制力的分量，设计弹簧预紧力为 1.2 倍的辊系重力。

2. 振动平台动力学分析

振动平台上下往复振动，偏心主轴高速旋转，还需要对振动平台进行动力学分析。由 1.3.1 节所述工况，振动平台及辊系系统受到轧制力 F、直线轴承反力 F'、重力 G、铰接反力 F、弹簧力 P 以及电机转矩 M，如图 3.7 所示。

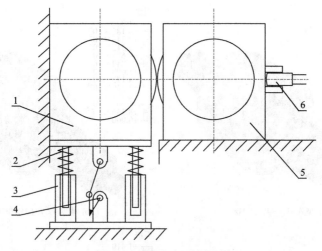

图 3.6　微振幅振动原理图

1. 振动侧结晶辊辊系；2. 缓冲弹簧；3. 导向装置；4. 偏心激震机构；5. 压下侧结晶辊辊系；6. 液压压下机构

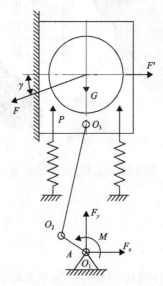

图 3.7　振动结晶辊受力分析

F 可取铸轧机的极限轧制力（F=40t（40kN）），采用热轧公式可求得轧制力与水平方向的夹角 γ 为

$$\gamma = \frac{1}{2}\sqrt{\frac{\Delta h}{R}\left(1 - \frac{1}{2\mu_s}\sqrt{\frac{\Delta h}{R}}\right)} \approx 4.01° \tag{3.1}$$

式中，Δh 为轧制压下量（mm）；μ_s 为热轧时的摩擦系数，取 0.45；R 为结晶辊半径（mm）。

对振动结晶辊辊系进行受力分析，有

$$X 方向：\sum F_x = F\cos\gamma + F + F_x'\tag{3.2}$$

$$Y 方向：\sum F_y = F\sin\gamma + P + G + F_y + \frac{M}{A} = ma\tag{3.3}$$

式中，A 为偏心距，$A=0\sim1.5\text{mm}$。

利用 ADAMS 软件进一步分析振动平台系统的动力学问题。图 3.8 为振幅为 0.1mm、频率为 5～50Hz 工况下振动结晶辊的加速度及铰接激振力 F_y 随时间的变化规律。

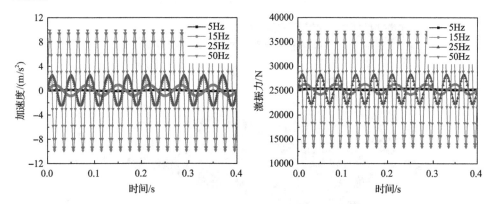

图 3.8　振幅 0.1mm，不同振动频率的加速度和激振力

由于电机以恒定转速带动偏心套旋转，结晶辊系的运动形式为周期可控运动，其加速度和激振力变化规律呈近似余弦函数形式，且振动频率越高，加速度和激振力的波动也越明显，波动峰值也随着频率的提高而显著增高，50Hz 时的振动加速度约为 9.77m/s²。考虑到振动铸轧时可能会存在脱坯问题，振动的加速度不应大于 9.8m/s²。激振力随着振动加速度峰值的增加而增加，50Hz 时可达到 37000N。

进一步研究不同振幅（0.1～1mm）和不同振频（0～50Hz）的振动特性，其分析结果如图 3.9 所示。在振幅一定的情况下，结晶辊的振动加速度和激振力随频率呈幂指数形式增加。而相同频率条件下，激振力随振幅呈线性增加。

3.2.4　主机架的设计

机架为轧机的主体受力部件，在工作过程中需要承担铸轧产生的轧制力。现有铸轧机普遍采用开式机架，其一是由于铸轧力相对较小，不需要厚重的支撑，其二是方便更换结晶辊和相应部件。这种铸轧机同样采用开式机架，并利用 ABAQUS 软件建立有限元模型进行机架的应力和位移分析。有限元的网格模型如图 3.10 所示。

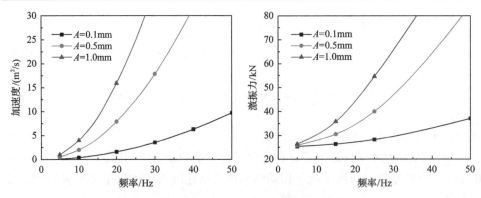

图 3.9　不同振动频率的加速度和激振力

图 3.10　机架的网格模型

图 3.11 和图 3.12 分别为机架的应力分布和位移分布云图。在 40t(40kN) 轧制

图 3.11　双辊薄带铸轧机机架应力场分布(单位：MPa)

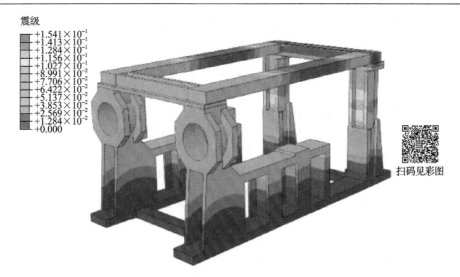

震级

+1.541×10⁻¹
+1.413×10⁻¹
+1.284×10⁻¹
+1.156×10⁻¹
+1.027×10⁻¹
+8.991×10⁻²
+7.706×10⁻²
+6.422×10⁻²
+5.137×10⁻²
+3.853×10⁻²
+2.569×10⁻²
+1.284×10⁻²
+0.000

扫码见彩图

图 3.12   双辊薄带铸轧机机架位移场分布（单位：mm）

力作用下，机架的最大应力约为 **40MPa**，最大应力出现在立柱梁根部，这主要是由立柱所受弯矩引起的。其中，在直线轴承安装处的应力值与液压缸安装处应力值基本相等，约为 **31MPa**。

由图 3.12 位移分布云图可知，液压缸的作用力使两侧立柱发生弹性变形，致使轧机机架上梁向下挠曲变形，可以进一步增加机架的强度。上机架的最大挠曲量约为 0.154mm。

3.3   振动在固-液复合铸轧过程中对熔池区流场及温度场的影响

固-液复合铸轧是一项耦合流体流动、传热及凝固等多种物理现象的高度复杂化工艺过程，其冶金传输行为的描述对工艺研究而言极为重要，并且该工艺短流程、快速化的优势也提升了它对工艺参数匹配度的要求，有关工艺状态的研究对其生产过程的实现起着近乎决定性的作用。而数值仿真的研究手段可以有效地对多物理场强耦合的实际工况进行模拟，以深入探究工艺条件的变化对工艺状态的影响规律。因此，为了研究振动这一外加能场形式对复合铸轧过程中熔池物理场的作用，基于中试级 ϕ500mm×350mm 双辊铸轧机的实际工况，构建铜铝层状复合板带振动铸轧工艺熔池区热-流耦合数值仿真模型。

3.3.1   振动复合铸轧数值仿真模型的构建

振动复合铸轧是燕山大学杜凤山团队率先提出的一项层状复合板带快速近终

成型的新工艺。其脱胎于传统的固-液复合铸轧，故整体的工艺特点极为相近，都是将亚快速冷却凝固过程与塑性变形过程合二为一的多物理场高度耦合的复杂工艺。因此，在对其构建数值仿真模型时，需综合考虑熔池内的流动、传热以及凝固行为，才能力求呈现出更加真实的工艺过程中熔池物理状态的演变过程。但是，由于振动复合铸轧工艺又存在其本身的独特之处，即在工艺过程中单侧结晶辊持续做简谐式往复运动，由此为数值模型的构建带来了新的挑战。本节基于计算流体动力学软件 Fluent，建立了铜铝层状复合板带固-液振动复合铸轧工艺热-流耦合数值仿真模型。在模型中不仅通过动网格技术将单侧结晶辊边界施加振动，同时通过对凝固坯壳运动速度的解析，避免了振动过程中凝固坯壳的速度丢失问题。

1. 基本假设

振动复合铸轧工艺中的流动—传热—凝固过程是非常复杂的，要想把实际工况中的所有因素都在数值模型中予以考虑极为困难[2,3]。因此，为了合理地简化模型，提出如下假设：

(1) 广义流体假设。在实际工况中振动复合铸轧熔池与传统铸轧熔池相近，均同时存在液相区(liquid zone)、糊状区(mushy zone)和固相区(solid zone)[4]。三个区域之间的界面位置由多种工艺参数共同决定，无法事先进行预判，因此难以针对三个区域分别建立流动模型。故有必要应用广义流体的概念，用统一形式的方程来描述三个区域内的流动过程[5]。在固相区内金属受轧制作用发生塑性变形，会对熔池内的流体流动造成影响。但这种影响极其微小，因此予以忽略[6]。

(2) 假设复合带坯两侧表面在复合铸轧过程中均与结晶辊辊面无相对滑移。

(3) 假设熔融金属液为不可压缩的牛顿流体。

(4) 假设熔池液面水平固定，忽略液面波动。

(5) 由于凝固潜热远超过固态相变潜热，故忽略固态相变的影响。

(6) 复合铸轧工艺过程中塑性变形温度较高，轧制力相对较小，因此假设结晶辊无变形且以相同的速度反向旋转。

(7) 在铸轧工艺的发展过程中，布流系统与侧封系统的既定目标就是实现熔池宽度方向上物理场的均匀稳定，目前工业设备也基本可以实现这一要求。因此，为降低计算量将铸轧熔池简化为二维模型，忽略熔池区宽度方向的物理场变化，对工业级的实际工艺状态是有其指导意义的。

2. 流动模型

在计算流体动力学中，流体的流动状态主要分为层流和湍流两种形式，依据雷诺数(Re)进行划分。在双辊固-液复合铸轧工艺中时刻伴随着金属液的不断凝固，而金属液的雷诺数又与其固相率直接相关。因此，熔池内的流动状态十分复杂，同时存在层流和湍流。在熔池上部区域，由于液相率较高，金属液做湍流流动。但随着在熔池内位置的降低，金属液固相率逐渐提升，黏度随之增大，流动状态也逐渐演变为层流。整个模型要得到精确的模拟，还需采用湍流模型来计算流体流动，以避免弱化流场对温度分布的影响。但是在标准湍流模型中，需要通过壁面函数计算壁面与充分发展湍流区域之间的黏性影响区域。而在固-液复合铸轧工艺过程中，凝固现象则最先发生于近壁面处，通过壁面函数计算近壁面区域流动的求解方式，会对凝固前沿形貌造成较大影响，使其很难与实际情况相符[7]。而低雷诺数湍流模型则无须考虑壁面函数，不需要在传输方程中引入附加项，直接将近壁面区包含在整个计算区域内，方便对重要壁面的预测值与测量值进行研究。因此，为了对熔池区金属液的流动状态做出更精确的模拟，选用 LAM 和 Bremhorst 修正标准 k-ε 模型后的低雷诺数湍流模型[8]。

3. 凝固模型

模型中为了耦合凝固现象，采用焓-多孔度(enthalpy-porosity)技术来处理糊状区金属液的流动。该技术的计算策略是将固液共存的糊状区视为多孔介质，并将每个单元内液态金属体积百分比定义为多孔度，金属液凝固过程中多孔度从 1 降为 0。

模型中液相分数为 β，以下式定义：

$$\beta = \begin{cases} 0, & T < T_{\text{solidus}} \\ 1, & T > T_{\text{liquidus}} \\ \dfrac{T - T_{\text{solidus}}}{T_{\text{liquidus}} - T_{\text{solidus}}}, & T_{\text{solidus}} \leqslant T \leqslant T_{\text{liquidus}} \end{cases} \tag{3.4}$$

式中，T_{solidus} 为固相线温度(K)；T_{liquidus} 为液相线温度(K)。

材料的焓由下式定义：

$$H = h_{\text{o}} + \Delta H \tag{3.5}$$

$$h_{\text{o}} = h_{\text{ref}} + \int_{T_{\text{ref}}}^{T} C_p \mathrm{d}T \tag{3.6}$$

$$\Delta H = \beta L \tag{3.7}$$

式中，H 为热焓(kJ/kg)；h_{o} 为显热焓(kJ/kg)；h_{ref} 为标准状态热焓(kJ/kg)；T_{ref} 为参考温度(K)；ΔH 为潜热(kJ/kg)；L 为凝固潜热(kJ/kg)。

金属熔液凝固过程中释放潜热，能量方程修正为

$$\frac{\partial}{\partial t}(\rho H)+\frac{\partial(\rho u_i H)}{\partial x_i}=\frac{\partial}{\partial x_i}\left(\lambda_{\text{eff}}\frac{\partial T}{\partial x_i}\right)+S_{\text{e}} \tag{3.8}$$

式中，λ_{eff}为导热系数；u_i为速度；S_{e}为源项。

由前面假设条件可知，从流体力学角度出发将熔池区域的金属液视为广义流体，将液相区、固相区和糊状区流动问题等效为流体问题。一个外加的源项被加入动量方程中，使得随着液相分数的降低，液体流动速度逐渐变为固态坯壳的拉速，源项的形式由式(3.9)定义。

$$S_1=K(\phi-\phi_{\text{P}}) \tag{3.9}$$

式中，K为半固态区多孔介质渗透性参数。

$$K=\frac{(1-\beta)^2}{\beta+g_{\text{q}}}A_{\text{mush}} \tag{3.10}$$

式(3.10)由 Brinkman[9]论证，也同时被广泛称为 Blake-Kozeny 关系式。其中，g_{q}为极小数以防被零除；A_{mush}为形态学常数(morphology constant)

$$A_{\text{mush}}=d^2/180 \tag{3.11}$$

这里，d为枝晶间距(μm)。式(3.11)由 Asai 和 Muchi[10]验证，枝晶间距(SDAS)同冷却速率之间的关系为

$$d=100R^{-0.35} \tag{3.12}$$

这里，R为冷却速率(K/s)。式(3.12)由 Mizukami 等[11]验证。

ϕ为 x、y 方向速度分量(m/s)，ϕ_{P}为 x、y 方向牵引速度(m/s)

$$\begin{aligned}\phi_{\text{P}x}&=v\sin(a\tan(x/y))\\ \phi_{\text{P}y}&=v\cos(a\tan(x/y))\end{aligned} \tag{3.13}$$

式中，v为结晶辊转速(m/s)；x、y为网格节点位置(m)。

4. 几何模型与边界条件

铜铝振动复合铸轧熔池区模型的网格划分如图3.13所示，左侧突出部分为铜带。由于模型中存在振动，需要对右侧辊面通过 UDF 编译进行网格动态化处理。在辊面边界动态化处理后，网格单元在不同边界的交汇处极易由于畸变较大致使计算难以收敛，并且通常铸轧模型中较难解析的部分为辊面附近的流域。因此，为提高计算速度且保证模型的精确性，将整体网格进行了局部细化处理，细化方

式如图 3.13 所示。熔池流域横纵两个方向的节点数及分布均由函数严格控制，使每一个单元的长宽比均保持在 5:1 以下。

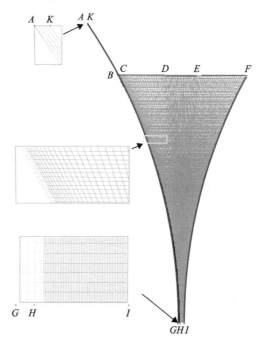

图 3.13　熔池计算域的网格划分与边界设定

模型中的边界条件设置如下：

1）铜带入口边界（AK）

铜带入口温度设为 300K，与空气不进行热量交换，旋转速度与铸轧速度保持相同。

2）熔池入口边界（DE）

熔池入口设为速度边界，根据熔池内金属液质量守恒，由铸轧速度 V 计算入口 Y 方向速度 V_y，而 X 方向速度 V_x 始终保持为 0。入口温度依据开浇温度进行设定。

3）自由表面边界（CD，EF）

$$V_x=0 \tag{3.14}$$

$$\frac{\partial V_x}{\partial x} = \frac{\partial k}{\partial x} = \frac{\partial \varepsilon}{\partial x} = 0 \tag{3.15}$$

熔池自由表面与空气之间为热对流，相对于熔池整体传热而言极其微弱，故忽略不计。

4) 辊面边界(*BG*,*FI*)

根据邢磊等 TP2 铜与 3Cr2W8V 模具钢换热的试验结果，将左侧轧辊换热系数设为 12000W/(m²·K)[12]，根据徐绵广等在冶金会刊报道的数值模型，将右侧轧辊换热系数设为 6000W/(m²·K)[13]。根据铸轧带坯与铸轧辊表面之间无滑移的假设，熔池区域在结晶辊的带动作用下流动，结晶辊辊面边界层凝固成坯壳，并沿辊面切向方向运动，湍流动能及耗散率均为 0。根据几何关系可知边界层的坯壳满足

$$V_x = V\sin\theta$$
$$V_y = V\cos\theta$$

(3.16)

式中，θ 辊面接触弧与结晶辊连线的夹角(°)。

5) 振动边界(*FI*)

利用 Fluent 自带的动网格(dynamic mesh)技术来实现对复合铸轧过程单侧辊振动的模拟，结晶辊振动位移方程为

$$S = A\sin(2\pi f \cdot t)$$

(3.17)

式中，A 为振幅(mm)；f 为频率(Hz)。

速度方程为

$$V = 2\pi f \cdot A\cos(2\pi f \cdot t)$$

(3.18)

加速度方程为

$$a = -(2\pi f)^2 A\sin(2\pi f \cdot t)$$

(3.19)

6) 铜带与熔池边界(*CH*)

由于在复合铸轧模型中，存在铜带与液态铝熔池两个计算域。铜带与熔池边界事实上即为两个计算域之间的边界，因此无法以设定等效换热系数的方式控制边界上的传热过程。此处依据黄华贵等[14]构建的铜铝复合带固-液铸轧数值仿真模型，将边界换热设置为等效气隙，气隙厚度 2μm，气隙填充物为空气介质。

7) 熔池出口边界(*HI*)

辊缝出口边界采用 Outflow，出口速度即为铸轧速度 v。由于辊缝出口处铝液已完全凝固，Fluent 在求解凝固后的流体时，默认其动能为 0。

8) 铜带出口(*GH*)

出口速度等同于铸轧速度 v。

5. 数学模型相关参数

模型中材料参数依据参考文献[15]、[16]进行设定，工艺参数与中试级 $\phi 500mm \times 350mm$ 双辊铸轧机的实际工况保持一致，见表 3.2。

表 3.2　模型工艺参数

参数	数值	参数	数值
轧辊直径/mm	500	外界温度/K	300
铸速/(m/min)	8	外界压强/Pa	101325
铜带厚度/mm	0.5	接触角度/(°)	30
拉坯速度/(mm/s)	−133.3		

模型采用 PISO 算法进行求解，为力求计算精度，拉速计算的迭代时间步长设置为 1×10^{-4}s，每一个时间步所有独立残差小于 1×10^{-4}。

3.3.2　振动对铜铝复合铸轧工艺熔池区流场的影响规律

在双辊薄带铸轧工艺的研究中楔形熔池区的流场分布是一个极为重要的研究内容，其不仅会通过改变熔池内的凝固形核过程从而影响产品带坯的微观组织，同样也事关熔池的能量传输行为，从而与温度场之间发生交互作用。本节所研究的固-液振动复合铸轧新技术，就是依赖引入振动这一外加能场，通过振动对流场的"扰动"效果，实现均化亚快速冷却条件下凝固组织的目的。故有必要对振动影响熔池区流场的规律与机理进行深入的探讨，以量化振动造成的"扰动"效果，为振动复合铸轧这一新技术的推广奠定基础。

为了分析振动对复合铸轧熔池流场的影响，本节基于振幅 0.38mm、振频 5Hz 的振动工况，针对一个振动周期内熔池流场及温度场分布的变化历程开展研究。图 3.14 为一个振动周期内四个典型相位下(即上升平衡位置、波峰、下降平衡位置、波谷)熔池的流场及温度场分布。由图 3.14 可知，振动对熔池区的影响主要是改变了低温流动区的流动状态，而高温区并未受影响。中温流动区内依然存在左右两个涡流，两涡流的形状与位置受到低温流动区的影响，随振动略微发生改变。低温流动区的变化主要表现为当轧辊向上运动时，下降流占主导；而当轧辊向下运动时，则逐渐转变为上升回流占主导，回流的存在使熔池中产生了涡流。

为进一步研究振动对熔池内金属液的扰动效果，提取熔池中心线上全部的速度值对比分析。由前文所述，当结晶辊振动的相位位于波峰位置及波谷位置时，由于结晶辊运动速度为 0m/min，流场分布基本与非振动状态下相同。故此处只选取上升平衡位置及下降平衡位置两个相位下的中心线速度分布加以研究。图 3.15 所示为

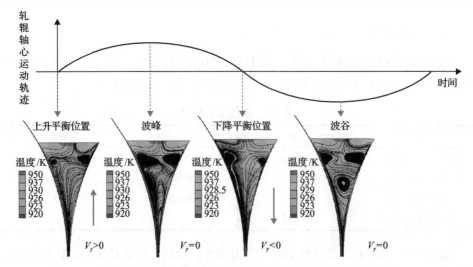

图 3.14 振动周期内典型相位处熔池的流场及温度场分布

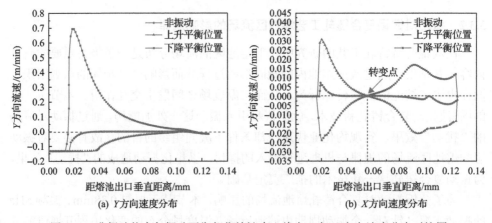

(a) Y方向速度分布   (b) X方向速度分布

图 3.15 非振动状态与振动平衡相位熔池中心线上 X 与 Y 方向速度分布对比图

非振动状态与振动平衡位置熔池中心线上 X 与 Y 方向速度分布对比图。图中振动状态的振动参数为振幅 0.38mm、振频 25Hz。由图 3.15(a) 可知,在非振动状态下,熔池中心线上 Y 方向速度的分布规律为:熔融金属自水口注入熔池后由于流域扩大,因而下降速度逐渐衰减,随后由于回流区的存在,Y 方向速度会在较长一段区域保持在 0~0.01m/min 内,之后在熔池下部由于流域缩窄,辊面动量边界逐渐影响到熔池中心线,此时下降速度剧烈增加,直至凝固后增加幅度放缓,逐渐达到出口速度。而在振动的影响下,上平衡位置回流区不复存在。振动状态下,上升平衡位置处,在熔池的高温流动区依然存在下降速度衰减的现象。但在其下部的原非振回流区位置处,下降流流速随着在熔池内位置的降低而持续增加,直至达到出口速度。而在下降平衡位置,振动则极大地强化了熔池心部的回流,因此图中可见熔池中心线上 Y 方向速度呈现先升后降的趋势，在略高于凝固界面位置处达到峰值，然后迅速下降至出口速度。

由图 3.15(b) 可知，在非振动状态下，由于低温回流区低速涡流的存在，熔池中心线上 X 方向速度在熔池上部为负、下部为正，在接近熔池中心点位置存在一个速度方向发生变化的转变点。而在振动的上升平衡位置，振动诱发了下降流的偏斜，因此强化了熔池中心线上 X 方向速度在熔池上部与下部方向相反的趋势。而振动在下降平衡位置处同样会诱发回流的倾斜，但倾斜的方向与上升平衡位置下降流的倾斜方向相反，因此熔池中心线上 X 方向速度在熔池上部为正、下部为负，与上升平衡位置的速度分布呈不严格的对称态势。

综上所述，在振动的影响下，熔池中的金属液仿佛受到细长条棒搅拌一般，形成了漩涡形的流动态势。这说明振动对熔池的"扰动"会起到近似搅拌的作用，如图 3.16 所示。而在这种影响下熔池中液态金属会在晶核弹射效应[17]、枝晶剪切效应[18]、结晶雨效应[19]和气穴形核效应[20]等一系列复杂的形核机制下大幅提升形核率。不仅如此，这种搅拌作用还有助于促进熔池中杂质成分的弥散分布[21]，避免其在凝固组织心部发生偏聚[22]，从而改善复合板坯铝基层的力学性能。振幅越高则上升平衡位置与下降平衡位置之间的中心线液流速度差越大。这就说明振幅的提升可以显著增强振动对熔池的搅拌效果，从而大幅强化铸轧复合板坯的力学性能。

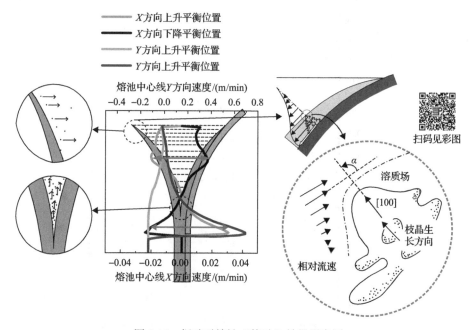

图 3.16 振动对熔池"扰动"效果示意图

3.3.3　振动对铜铝复合铸轧工艺熔池区流场的影响机理

为进一步对振动影响低温流动区的机理进行研究，本节基于边界速度的概念针对一个周期内低温区流场的变化历程加以分析。边界速度即为流域边界的运动速度。由于振动复合铸轧工艺中无铜带侧辊面在旋转的同时发生竖直方向的简谐振动，其边界速度即为旋转线速度与振动速度的叠加。而铜带侧辊面的边界速度为单纯的旋转线速度。因此，熔池区流域两侧的边界速度存在差异，并且这种差异随着振动的进行时刻发生改变。这种边界速度的变化就是影响熔池低温区流场最主要的因素。

图 3.17 为熔池低温区流动状态在一个振动周期内的变化历程。在铸轧辊位于上升平衡位置时，其向上运动的速度最高，此时无铜带侧辊面的边界速度 $V_{边界2}$ 最小，为轧辊旋转速度与向上振动速度的差值。该时刻下，低温区整体呈现下降流，基本不存在明显的回流区。熔池心部回流区是由于辊面动量边界层内的下降流流量高于出口流量而产生的，因此动量边界层内下降流流量越高，回流现象越明显。而辊面动量边界层是辊面运动的结果，辊面边界速度的降低，必然导致

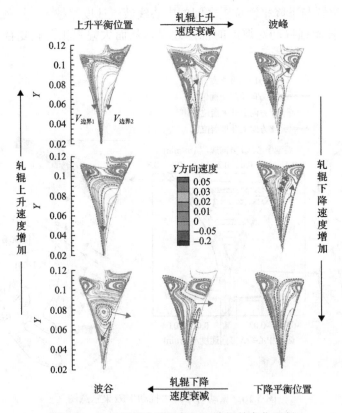

图 3.17　一个周期内熔池低温区流场的变化历程

动量边界层内下降流的衰减，从而使回流现象不复存在。同时，振动速度的存在使 $V_{边界2}$ 小于铜带侧辊面边界速度 $V_{边界1}$，致使下降流向铜带侧辊面偏移。随着铸轧辊继续向上运动，其上升速度逐渐衰减，因此 $V_{边界2}$ 增大，致使回流现象发生。并且在轧辊保持向下加速度的整个阶段内，回流现象越发强烈。低温区内由于回流的存在，在振动到达波峰位置时，产生了左右两个涡流。这两个低温区涡流随着回流的增强逐渐上升，在下降平衡位置与中温区涡流汇合，融为一体。在此阶段，$V_{边界2}$ 的增加还导致了右侧涡流面积的持续增大。涡流本身就是在回流影响下产生的，而回流源自动量边界层内的下降流，因此两侧涡流的面积即为两侧边界速度大小的一个直观表现，随着两侧边界速度的此消彼长，两侧涡流也呈现出交替占据低温区主导地位的态势。故轧辊从下降平衡位置向波谷位置的运动过程中，其下降速度的衰减致使铜带侧涡流面积逐渐扩大，振动侧涡流面积逐渐减小，在波谷位置处形成了与非振动状态下相近的流场分布。后续随着轧辊转变为上升运动，回流逐渐消失，低温区再次呈现全部下降流的流动状态。

3.3.4　振动对凝固界面位置的影响及其机理

凝固界面高度是复合铸轧工艺过程中最为重要的监测参数之一。凝固界面位置高，则轧制力较大，当超过一定限度时，复合板带界面及铝基层易于衍生不可恢复的裂纹，造成产品缺陷，严重时甚至导致铜基撕裂以及"轧卡"现象，致使生产难以为继。凝固界面位置较低，则复合铸轧工艺塑性变形区小，复合界面压力不足，不仅影响复合界面的结合强度，还有可能使铝基层出现缩孔、缩松等缺陷，影响铝基层质量，严重时甚至发生"漏液"事故，不仅易于烧损铜带以致停工，还会对操作人员的安全造成威胁。因此，有必要对振动状态下凝固界面的变化情况加以分析。

图 3.18 为振幅 0.38mm、振频 5Hz 的振动条件下，一个周期内凝固界面位置的变化情况。由图可知，凝固界面位置随结晶辊振动同样呈周期性正弦波动，且波动周期与结晶辊振动周期相同。但在结晶辊向上运动时，凝固界面位置下移。而当结晶辊向下运动时，凝固界面位置上移。这一现象或许与人们对结晶辊运动影响凝固界面位置的直观感觉相悖，但是从上文有关振动对熔池区流场的描述来看，这一现象是合理的。当轧辊向上运动时，会致使辊面边界下降流的速度降低，从而抑制心部回流；反之，当轧辊向下运动时会增强心部回流。回流的存在会导致熔池下部冷流的上升，而冷流上升的直接后果就是凝固界面的上移。因此，才会出现凝固界面波动方向与结晶辊振动相反的现象。同时，凝固界面形状也随着其位置变化发生一定的改变，但却符合前文所述的一般规律，即凝固界面位置的升高会促使其形状由尖峰形向平峰形转变。

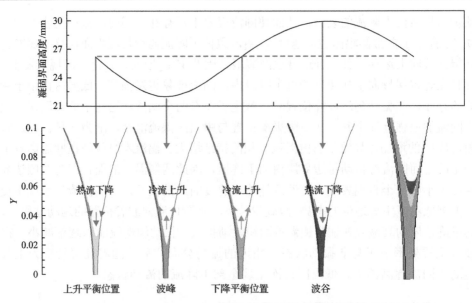

图 3.18　振动周期内四个典型相位处的凝固界面位置

　　综上所述,在振动复合铸轧工艺过程中的结晶凝固阶段,振动的主要作用在于通过使流场发生周期性变化而对熔池区起到"扰动"效果,增加熔池区形核率,细化产品带坯晶粒,并抑制杂质元素偏析,但是振动也会在一定程度上使凝固界面位置发生波动,造成不利影响。因此,在设计振动复合铸轧工艺的振动参数时,要综合考量以进行判断。

3.4　振动对复合铸轧工艺塑性变形区影响研究

　　在复合铸轧工艺过程中,温度和压力是影响界面结合质量的两个最为重要的因素,同时轧制力也是复合铸轧设备设计和工艺研究过程中必不可少的重要指标。而界面压力与轧制力的求解都离不开复合铸轧塑性变形阶段受力状态的分析,因此本章基于生死单元法构建了铜铝层状复合板带固-液振动铸轧工艺凝固界面以下塑性变形区的二维热-力耦合数值仿真模型,用以研究振动对塑性变形区受力状态造成的影响。发现振动能够诱发轧制力周期性波动,并通过对摩擦力分布的分析,阐述其机理,为构建振动复合铸轧工艺的轧制力模型奠定了基础,并且研究了振动对界面应力分布状态的影响,为探索振动调控复合铸轧界面结合情况的机理扫清了障碍。

3.4.1　振动复合铸轧塑性变形区热-力耦合模型

　　本章所述的振动复合铸轧塑性变形区热-力耦合模型基于 Marc 非线性有限元

软件构建。为合理模拟振动复合铸轧这一新工艺在塑性变形阶段的受力状态，该模型巧妙地运用生死单元法解决了塑性变形区金属补充的问题，同时在建立高温材料的本构方程时引入了黏弹塑性理论，双管齐下地实现了数值仿真模型对实际工艺状态的高度还原。

1. 基本假设

双辊薄带复合铸轧工艺的金属成形过程主要分为亚快速冷却凝固及高温塑性变形两个阶段，这两个阶段通常以凝固界面为划分。在凝固界面以上的冷却凝固阶段，金属铝主体呈液相特征，其受力作用后主要发生流动状态的改变。因此，在研究振动对复合铸轧工艺力学行为影响的过程中，只选取铸轧工艺凝固界面以下的塑性变形区进行建模。为了简化数学模型，基于双辊薄带振动铸轧的实际工艺过程，进行以下合理假设：

(1)由于本节模型所主要求解的问题在于振动对复合铸轧塑性变形区受力状态所造成的改变上，实际轧制过程中的宽展变形与轧辊挠曲对这一问题的分析基本没有影响。因此，为简化计算，将实际三维结构简化为熔池纵截面上的二维模型。

(2)复合铸轧工艺中的塑性变形阶段为高温成形过程，轧制力较低，因此在铸轧过程中不考虑轧辊的弹性压扁及挠曲变形，非振动侧轧辊中心位置固定不变，振动侧轧辊沿固定轨迹运动，半径始终为 R。

(3)在计算塑性变形区温度场时，只考虑对流换热和接触换热，忽略影响较小的辐射换热。

(4)凝固界面以下塑性变形区的受力状态不受上部液相区金属的影响。

(5)凝固界面形貌对复合铸轧塑性变形区受力状态影响较小，因此为方便模型建立，将凝固界面形态假设为平面，本节所建立的二维模型中即为一条直线。

2. 弹黏塑性理论

铸轧过程中铝液刚刚凝固，处于由黏塑性向弹塑性转变的阶段，同时具备黏塑性和弹塑性的双重特征，因此采用弹黏塑性力学模型处理高温凝固态固相组织，其本构方程为[23,24]

$$\begin{cases} \varepsilon_{ij} = \dfrac{1+\nu}{E}\sigma_{ij} - \dfrac{\nu}{E}\sigma_{kk}\delta_{ij} + \lambda s_{ij} \\ \lambda = \dfrac{\lambda_{\mathrm{p}}}{1+\eta\lambda_{\mathrm{p}}} = \dfrac{1}{\eta}\left(1 - \dfrac{F\left(\overline{\varepsilon_{\mathrm{p}}}\right)}{\overline{\sigma}}\right) \end{cases} \tag{3.20}$$

式中，ν 为泊松比；E 为杨氏模量；λ 为取决于材料黏性和马赫数的黏塑性因子；

λ_p 为塑性流动因子；$F\left(\overline{\varepsilon_\mathrm{p}}\right)$ 为材料的塑性加载函数；η 为材料的黏塑性系数，其表达式为

$$\eta = \begin{cases} \dfrac{\eta_0}{R_0}, & r \leqslant R_0 \\[2mm] \eta_0, & r > R_0 \end{cases} \tag{3.21}$$

式中，R_0 为塑性区尺寸；η_0 为材料的临界黏塑性系数。

3. 生死单元法

在铸轧的真实过程中，凝固界面以上液相区金属会持续凝固进入塑性变形区，因此需要在建模时考虑这一过程。而参考常规轧制工艺采取"生"单元对塑性变形区进行金属输送，则需要在凝固界面以上建立大量的计算单元网格，不但会极大地延长运算时间，而且会造成塑性变形区与其上部单元的热量传输，偏离工艺的实际情况，影响计算精度。因此，本节采用生死单元法模拟连续复合铸轧过程。

采用生死单元法对空间网格结构分阶段成形过程进行仿真分析可按照图 3.19 所示的流程图进行：①建立整体结构的有限元模型；②按照实际工艺中的成形过程将单元进行分块；③杀死需要施加生死单元技术的单元；④激活有限元模型初始阶段需要生成的单元，施加该阶段的载荷条件和约束条件，计算分析并保存结果；⑤依次激活当前工步需要生成的单元，直到仿真结束。

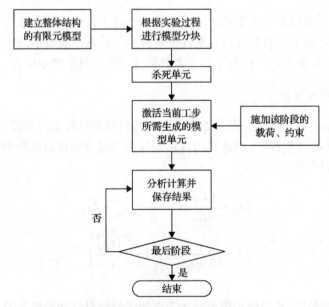

图 3.19　生死单元算法流程图

4. 数值模型的建立

基于振动固液复合铸轧新技术的实际工艺状态,以铜铝层状复合板带为工艺对象,构建了其塑性变形阶段的热-力耦合数值仿真模型。模型中在凝固界面以上区域划分足量且细小的网格,通过在二次开发接口子程序 uacitive.f 文件中将该区域单元 mode 全部设置为-1 来"杀死"这部分单元。在模型计算过程中,该部分"死"单元会逐渐随着轧辊的旋转被带入塑性变形区,被带入的单元依次通过子程序将其激活,以补充塑性变形区内轧制作用带来的金属损失,从而确保振动复合铸轧工艺的连续仿真模拟。通过添加辅助节点与控制节点实现单侧轧辊振动与旋转同时进行的复合型运动,以实现还原振动复合铸轧工艺的真实工况。模型中的网格划分如图 3.20 所示,仿真模拟条件见表 3.3,该模型采用 Full Newton-Raphson 算法进行迭代求解。在不同振动参数的对比仿真中,轧制速度统一为 8m/min,凝固界面高度统一为 26.5mm,与前文中浇注温度 680℃、熔池高度 125mm、铸速 8m/min、非振动状态下的凝固界面位置相符。而在不同凝固界面位置与不同轧制速度的对比仿真中,振动参数统一为振频 15Hz、振幅 0.63mm。由前文的数值仿真结果可知,在振动状态下,复合铸轧的凝固界面位置是不断变化的,此处的模型构建与实际工况存在偏差。但本章中利用该模型所研究的核心命题是振动对塑性变形过程受力状态的影响,更侧重于机理性的探讨,因而将振动与凝固界面变化两种因素分离开来,分别进行分析。这种方式可以更加突出单一因素的影响规律与作用机制,便于研究工作的开展[25,26]。

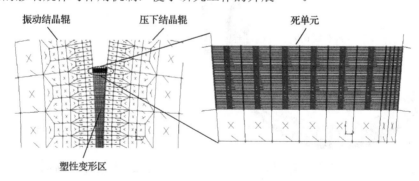

图 3.20 数值模型的网格划分

表 3.3 数值模型中的工艺参数

参数	数值	参数	数值
轧辊直径/mm	500	环境温度/℃	27
轧制速度/(m/min)	8	铜带厚度/mm	0.5
辊缝开度/mm	3	凝固界面温度/℃	660
凝固界面高度/mm	26.5		

5. 初始条件及边界条件

1) 初始条件

本节轧辊采用 20CrMo 钢，考虑双辊薄带振动铸轧过程中，轧辊与铝液先进行换热，造成轧辊的温度上升，在研究振动铸轧塑性变形区时，需要提高其初始温度为 270℃。

2) 位移约束

压下侧轧辊的转动速度依据轧制速度进行设定，而振动侧轧辊的运动方式较复杂，同时存在整体的上下振动与绕中心点的等速转动，因而需通过添加辅助节点与控制节点的方式对这种复合型运动进行施加，辅助节点与控制节点的添加位置如图 3.21 所示，控制节点位于轧辊圆心，而辅助节点位于控制节点正下方。首先，在控制节点上施加垂直方向的往复运动，该运动位移与时间的关系呈正弦形式，如图 3.22 所示(振频 25Hz，振幅 0.38mm)。其次，给辅助节点添加速度，使整个轧辊以控制节点为中心进行旋转，旋转速度与压下侧轧辊相同，但方向相反。

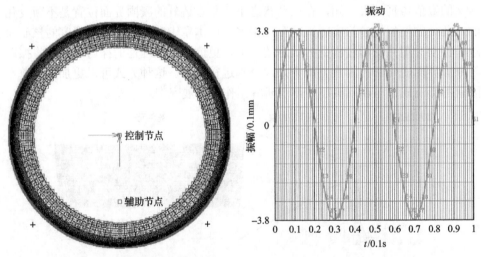

图 3.21　振动侧轧辊位移约束的施加形式　　　　图 3.22　振动的位移曲线

3) 接触换热系数

铸轧过程中，界面接触压力对轧辊与纯铝之间的换热影响较大，为将其考虑在内，本节模型中采用张云湘通过界面热阻试验得到的铸轧辊面换热系数回归公式[27]：

$$\frac{h_1}{k_m}\overline{R_a} = 2.35 \times 10^{-3}\left(\frac{P}{H}\right)^{0.93} + 1.29 \times 10^{-3} \tag{3.22}$$

式中，k_m 为平均调和平均导热系数，W/(m·K)；$\overline{R_a}$ 为均方根表面粗糙度，μm；P 为接触界面的接触压力；H 为较软接触副材料的微观硬度，MPa；h_1 为换热系数，W/(m²·K)。

金属铝温度的数值与热力学温度的相对值 T/T_m 呈线性关系，相应温度 T 下的硬度可表示为[28]

$$H = 1.14 \times 10^9 \times \exp\left(1.94 \times \frac{300 - T_m}{T + 273}\right) \tag{3.23}$$

式中，T 为金属温度；T_m 为金属熔化温度。

压下辊与铜带之间的接触换热系数 h_2[29]为

$$h_2 = 9.04 P^{0.46} + 13.79 \tag{3.24}$$

铜带与纯铝之间接触换热系数 h_3[30,31]为

$$h_3 = 0.711 P^{0.84} + 12.98 \tag{3.25}$$

3.4.2　振动对铜铝复合板带铸轧工艺塑性变形区轧制力的影响

轧制力是层状复合材料固液铸轧工艺中的一项重要检测参数，不仅可以用其推导凝固界面位置，还可以在一定程度上反映复合界面的结合情况。因此，在复合铸轧生产过程中，依据轧制力有效地对工艺过程状态进行判断，从而及时调控工艺参数以保证生产连续稳定运行，是工艺过程控制中不可或缺的必要环节。因此，针对振动复合铸轧这一新工艺，基于振动对塑性变形区受力状态的改变，深入研究振动对轧制力的影响过程，对工艺控制的发展及新型装备的设计都有极其重要的价值。

在本章构建的热-力耦合数值仿真模型中提取塑性变形区所受轧制力，以分析单侧结晶辊振动这一特殊的塑性变形形式对轧制力所造成的影响。图 3.23 为振动与非振动状态下塑性变形区在一段时间内所受轧制力的变化历程对比图。振动状态的振动参数为振频 15Hz、振幅 0.63mm。由图可知，在非振动状态下，塑性变形区所受轧制力是基本稳定的，而在振动状态下呈现周期性波动的态势。轧制力在一个周期内的分布状况呈"双峰"型，在结晶辊位于振动的波峰位置与波谷位置时达到极大值，并且两者数值大小基本相同。但结晶辊处于上升平衡位置与下降平衡位置时所对应的轧制力并不相等，其中下降平衡位置略大。同时，由图 3.23 还可发现，振动可以有效降低平均轧制力。

3.4.3　振动对铜铝复合铸轧塑性变形区轧制力的影响机理

研究发现，在铜铝振动复合铸轧工艺过程中，振动不仅使塑性变形区所受轧制力出现波动，还有效降低了其平均值。为了探讨振动对塑性变形区轧制力的

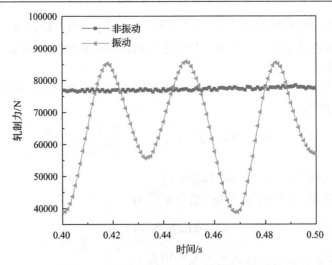

图 3.23　振动与非振动条件下的轧制力对比

影响机理，进一步对振动影响复合铸轧塑性变形过程的作用机制开展研究。由于在振动复合铸轧过程中只有单侧辊发生振动，两侧轧辊之间的整体运动速度不对称，因此其塑性变形阶段的轧制形式可以归为异步轧制的一种。故此处引入异步轧制中"搓轧区"的概念对振动轧制这种全新的塑性变形形式进行分析。

图 3.24 为常规复合铸轧稳定状态下塑性变形区的摩擦力分布云图。由图可知，常规复合铸轧塑性变形区主要由前滑区与后滑区构成，但也有小部分搓轧区存在。其原因在于复合铸轧工艺塑性变形阶段两侧铸轧辊所接触的板坯材质不同，一侧为铝、一侧为铜，摩擦系数存在差异，由此造成摩擦力分布的不对称。

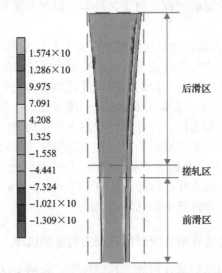

图 3.24　常规复合铸轧稳定状态下塑性变形区摩擦力分布云图

图 3.25 为振动复合铸轧原理图。由图可知，两侧轧辊相对位置的不断变化会向塑性变形区施加双向剪切力，这种双向剪切力伴随轧制作用可以起到"往复搓轧"的效果，使塑性变形区产生双向交替的剪切变形。在异步轧制工艺中，搓轧区比例是轧制力计算的一项重要参数。因此，有必要对塑性变形区的摩擦力分布云图在一个周期内的变化规律开展研究。

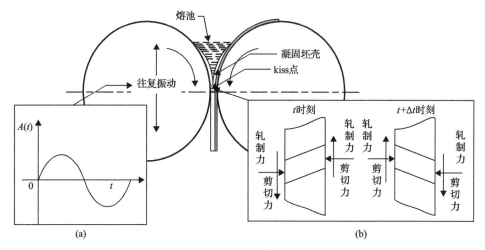

图 3.25　振动复合铸轧原理图

图 3.26 为振幅 0.63mm、振频 15Hz 工况下，一个振动周期内复合铸轧塑性变形区的摩擦力云图变化历程。由图可知，当轧辊位于振动的上升平衡位置时，振动侧板坯表面摩擦力为正的区域向上大幅扩张，而非振动侧则恰恰相反，由此使得搓轧区面积急剧扩展，达到最大值。其原因在于，此时刻振动辊向上运动，且速度最大，振动产生的整体运动速度削弱了轧辊旋转的线速度，因此振动侧的轧制速度小于非振动侧。由此可以得知，振动诱发搓轧区主要是通过使两侧轧辊轧制速度出现差异而实现的。当轧辊进一步运动到达波峰位置时，图中无明显搓轧区存在，塑性变形区只由前滑区与后滑区构成，这说明在该时刻板坯两侧的轧制速度是基本相同的。但是在非振动状态下，复合铸轧塑性变形区都会有小部分搓轧区的存在，这是复合板坯两侧表面摩擦系数的差异造成的。为何振动状态下轧辊位于波峰位置时搓轧区却不复存在了呢？其实波峰位置时刻，复合铸轧塑性变形区的受力状态与非振动状态下是存在差异的。虽然此时振动侧轧辊的整体运动速度为零，两侧轧制速度相同，但其相对位置却较非振动状态下发生了改变，这种变化对复合板两侧材料差异造成的影响进行了代偿，从而使搓轧区得以消失。这也是上文中振动复合铸轧波峰与波谷位置时刻所对应的轧制力略大于非振动工况的原因。当轧辊位于下降平衡位置时，其整体运动速度与线速度方向相同，两者相互叠加，振动侧的轧制速度大于非振动侧，摩擦力分布与上升平衡位置相反。

但下降平衡位置的搓轧区尺寸相对上升平衡位置较小，这也是上文中上升平衡位置处轧制力小于下降平衡位置的原因。

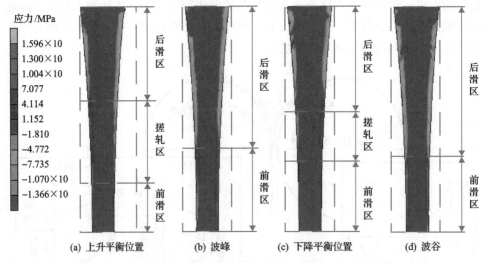

图 3.26　一个振动周期内复合铸轧塑性变形区的摩擦力云图变化历程

　　图 3.27 为振动状态下单侧铸轧辊所受摩擦力随时间变化历程的对比图。单侧辊所受摩擦力的大小即塑性变形区一侧所受摩擦力的合力。在异步轧制过程中，虽然轧件依然处于受力平衡状态，但两侧摩擦力分布不对称，故两侧轧辊会受到大小相等、方向相反的摩擦力，其值直接反映异步程度的大小。由图 3.27 可知，在振动复合铸轧工艺过程中，摩擦力随时间呈近似余弦曲线形式的周期性波动，其周期与轧辊振动相同，并且相位相差 1/4 周期，当轧辊位于上升平衡位置时摩

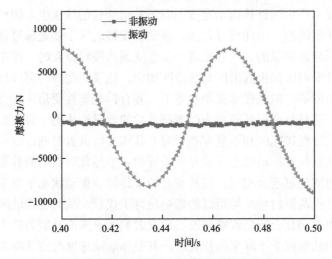

图 3.27　振动与非振动条件下摩擦力对比

擦力处于峰值。而在非振动状态下，摩擦力基本不随时间发生变化。由图 3.27 中曲线还可发现，虽然摩擦力波动近似余弦形式，但并不严格相符，其波谷的绝对值略大于波峰，并且波动幅度越小，波峰与波谷间绝对值的差异就越不明显。这同样符合上升平衡位置与下降平衡位置搓轧区尺寸不相等的结果。

综上所述，振动复合铸轧塑性变形区所受轧制力呈周期性波动的机理在于，单侧辊振动使塑性变形区两侧轧制速度出现差异，同时这种差异随时间不断变化，由此产生了异步轧制的作用效果，使塑性变形区内出现搓轧区，且搓轧区比例呈周期性往复变化，其周期与轧辊振动周期同步。而搓轧区比例与异步轧制的轧制力呈单调相关关系[32]，故而轧制力随轧辊振动出现周期性波动现象。

3.4.4 振动对铜铝铸轧板带复合界面应力状态的影响

在复合铸轧工艺中复合界面结合强度是评价产品质量的一个重要指标。而在复合铸轧过程中受力状态和温度是影响界面结合情况两个最主要的因素，界面压应力与剪应力协同作用可以有效增强两种金属间的钉扎效应，破碎界面反应生成的脆性相，可防止复合层过度生长降低结合强度，使界面达到优良的结合状态[30]，如图 3.28 所示。而振动复合铸轧新技术对结合界面的强化机制就是依靠单侧辊振动向塑性变形区施加双向剪切力增强对金属间化合物脆性相的破碎效果来实现的。因此，有必要对振动影响复合铸轧界面应力状态的相关内容开展研究。

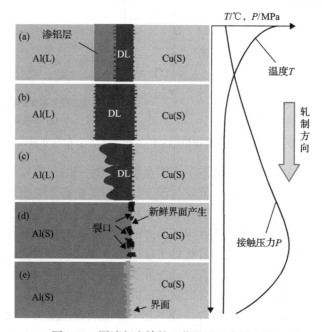

图 3.28　固液复合铸轧工艺界面形成原理图

DL 为界面层

1. 振动对复合铸轧界面正应力的影响

由图 3.23，振动铸轧塑性变形区的 von Mises 应力分布呈现周期性变化的特点，因此推断界面应力分布也会随时间发生变化，即存在其固有的时域特性。为对其开展研究，在振频 15Hz、振幅 0.63mm 工况下，提取四个典型振动相位时刻的界面正应力分布与非振动工况下的界面正应力分布进行对比分析(图 3.29)。由图可知，在非振动状态下，复合铸轧塑性变形区的界面应力分布呈先增加后减小的整体趋势，在微小的搓轧区内达到峰值，这是由于塑性变形区内的温度变化与前滑后滑现象共同作用所造成的。而振动状态下，复合界面上的正应力分布在一个周期内相差较大，但均呈现出先增加后减小的基本态势。其中，波峰位置与波谷位置对应的应力分布整体相近，其峰值出现的位置与非振动状态下大体相同，且峰值大小明显高于其他相位及非振动工况。两个平衡位置时刻，界面应力分布并不相同，下降平衡位置整体较大，但两者均无明显峰值点，峰值呈平台状分布，且出现位置相较波峰波谷时刻距离轧制出口处更远。

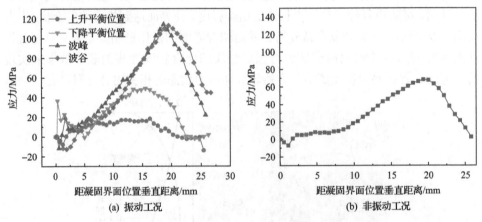

图 3.29　振动复合铸轧四个典型相位时刻的界面正应力分布与非振动工况对比图

由上述分析可知，非振动状态下两侧金属对界面层的作用效果类似于静力压缩，界面层上的应力分布不随时间发生改变，而振动状态下会出现类似"动态冲击"的效果，界面应力随时间强弱相间的循环变化。在复合铸轧工艺中，正应力对复合界面的作用效果主要体现在以下两方面：①压碎界面处脆性相以抑制复合层过度生长；②强化双金属间的钉扎效果以促进界面层破碎后裸露出的新鲜金属相互扩散。就此两方面的效果而言，动态冲击的作用要明显强于静力压缩，更何况振动复合铸轧中波峰与波谷位置时刻对应的界面应力分布要整体高于非振动工况。由此可知，单侧辊振动是复合铸轧工艺中界面质量控制的一项重要手段，合理地调配振动参数有利于实现最优的界面结合情况。因此，有必要对振动参数影响界面应力分布的相关规律开展研究。

2. 振动对复合铸轧界面剪应力的影响

在复合铸轧工艺中,界面正应力会对界面层起到压碎及钉扎的效果,而界面剪应力会使界面层撕裂,从而裸露出新鲜金属,发生进一步扩散反应,因此界面剪应力也是复合铸轧界面应力状态研究中的一项重要内容。而复合界面处的剪应力主要是铜带与塑性变形区内铝基层之间的摩擦力诱发的。由前文的研究结果可知,振动会对摩擦力分布造成较大影响,使其随时间呈周期性变化,因而振动复合铸轧工艺的界面剪应力也会存在其固有的时域特性。为对其开展研究,在振频 15Hz、振幅 0.63mm 的工况下,提取四个典型振动相位时刻的界面剪应力分布云图及矢量图进行对比分析(图 3.30)。由图可知,除上升平衡位置时刻界面剪应力单方向向下外,其余几个相位时刻均存在两个方向相反的剪应力分布区,塑性变形区上部的方向向下,下部向上。两个剪应力分布区中间存在明显的转变点,且转变点位置随相位的不同而变化。这与前文所述摩擦力的分布是相符的。

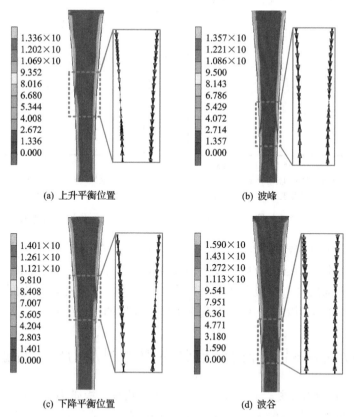

图 3.30　振动复合铸轧四个典型相位时刻的界面剪应力分布云图及矢量图(单位:MPa)

图 3.31 为振频 15Hz、振幅 0.63mm 工况下,四个典型振动相位时刻的界面剪

应力分布与非振动工况下的界面剪应力分布对比。由图可知，在非振动状态下，复合铸轧塑性变形区的界面剪应力分布变化存在以下几个阶段：①应力上升阶段，发生于塑性变形区最上部，此处界面剪应力随距凝固界面垂直距离的增加而迅速攀升；②应力稳定阶段，当界面剪应力上升至一定值后，在一定位置区间内不再随距凝固界面垂直距离发生变化；③应力方向转变阶段，结合图 3.25 可知，在此阶段界面剪应力方向发生转变，应力先减小后增加，整体呈 V 字形，但不可忽视的是在此阶段初期，应力整体下降之前，有一个很短暂的小幅上升过程。而振动状态下，不同相位时刻界面剪应力分布之间的差别主要体现在应力方向转变阶段发生的位置上。其中，下降平衡相位所对应的发生位置最为靠上，波峰与波谷相位次之，而上升平衡位置则无应力方向转变阶段。同时，从图 3.31 中还可以看出，在振动致使应力方向转变阶段向塑性变形区上部迁移之后，塑性变形区最下部还会出现一个新的应力稳定阶段，此阶段内的应力与第一个应力稳定阶段相同，但方向相反。

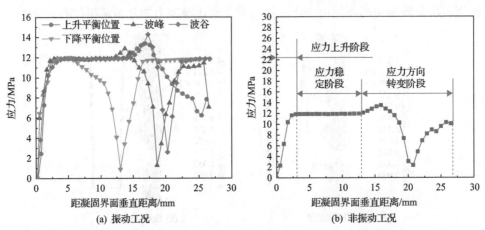

图 3.31　振动复合铸轧四个典型相位时刻的界面剪应力分布与非振动工况对比图

由上述分析可知，非振动状态下界面剪应力分布是固定不变的，而振动状态下界面剪应力分布的应力方向转变阶段发生位置不停移动，这就意味着振动复合铸轧的部分界面层同一个位置所受剪应力的方向会不断变化，对界面层产生一种"反复揉搓"的作用效果，更加有利于抑制界面层的过度生长。

3.5　振动对铜铝复合铸轧板带微观组织及力学性能影响研究

为论证固-液振动复合铸轧新技术对铜铝层状复合板带力学性能的改善效果，对不同振动参数下制备的板带分别进行拉伸与剥离测试，并通过阳极覆膜呈现的金相组织分析振动对铝基拉伸性能的强化原因，通过复合界面的能谱扫描研究了振动对界面结合强度的影响机理。本章的研究充分验证了固-液振动复合铸轧新技术的优越性，为实现其真正的工业化推广奠定了坚实的基础。

3.5.1　振动铸轧铜铝复合板带力学性能测试

1. 剥离性能测试

复合界面结合强度是层状金属复合材料的一项重要质量指标，本节为测试振动对铸轧层状复合界面结合强度的影响，参考《胶粘带剥离强度的试验方法》（GB 2792—2014），利用微力拉伸试验机对振动与非振动状态下制备的铜铝复合板带进行剥离试验。剥离试样尺寸为 150mm×10mm，剥离速度为 0.5mm/s。

图 3.32 为非振动与振动工况下制备的铸轧复合板带的剥离试验结果对比，振动工况的振动参数为振频 0.38mm、振幅 25Hz。由图 3.32 可知，非振动状态下平均剥离力为 139N 左右，剥离强度 13.9N/mm，满足相关的产品质量标准。而振动状态下平均剥离力可达 240N 左右，界面结合强度在振动作用下得到较大幅度提升。

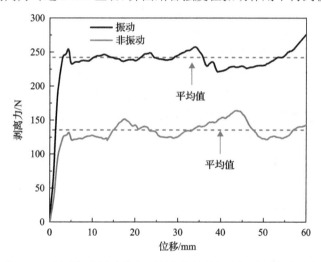

图 3.32　振动与非振动状态下制备的铸轧复合板带剥离力对比

2. 拉伸性能测试

利用线切割在试验所得振动与非振动状态下的铸轧铜铝复合板带上切取拉伸试样，取样位置如图 3.33 所示，每种工况切取试样个数为 3 个。对所得试样按制备工况分组，采用万能拉伸试验机按照《金属材料 拉伸试验 第 1 部分：室温试验方法》（GB/T 228.1—2010）的试验标准进行力学拉伸测量，拉伸方向与轧制方向相同[33]。通过测量各组试样拉伸过程的应力-应变曲线，得到振动与非振动状态下制备的铸轧复合板带的抗拉强度和断裂伸长率，以确定振动对铸轧复合板带力学性能的强化效果。

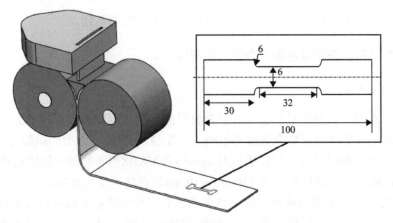

图 3.33 拉伸试样取样位置图(单位：mm)

图 3.34 所示为非振动与振动状态下制备的铸轧复合板带的拉伸试验结果，振动状态的振动参数为振频 0.38mm、振幅 25Hz。由图 3.34 可知，非振动工况下制备的铸轧复合板带韧性较差、延伸率较低，并且在应力快速下降阶段，即拉伸的颈缩末期应力-应变曲线呈现阶梯状，这是在该位置处界面出现开裂造成的。这一现象表明铜铝界面结合强度足以约束力学性能相差较大的铜层与铝层在拉伸变形中实现相互协调。而振动可显著改善复合铸轧板带的力学性能。振动状态下制备的铜铝铸轧复合板带屈服强度与抗拉强度提升幅度较小，但延伸率得到较大改善。

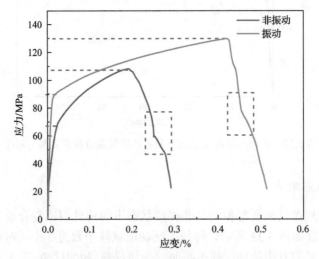

图 3.34 非振动与振动状态下制备的铸轧复合板带应力-应变曲线对比

3.5.2 振动铸轧铜铝复合板带铝基晶粒度测试

为观测振动铸轧制备的铜铝复合板带铝基晶粒尺寸及形貌，探究振动对复合铸轧铝基层力学性能强化的机理，对剥离得到的铝基层进行阳极覆膜处理。振动铸轧试验中铝基层所采用的试验材料为纯铝，杂质元素含量较低，采用一般的腐蚀观测法所获取的金相图片，很难清晰完整地显示其晶粒大小。因此，需采用阳极覆膜+偏振光观察的方法，依靠入射偏振光在不同位向的晶粒上反射角的不同，使晶粒呈现出不同的颜色。

　　将六组不同振动参数下制备的复合板带铝基层切割为金相试样，将取得的试样粗磨、精磨、机械抛光、凯勒试剂腐蚀及阳极覆膜处理，阳极覆膜工艺参数见表 3.4。采用 Leica DMI 5000M 金相显微镜在偏光下观察试样组织形貌。

表 3.4　阳极覆膜工艺参数

阳极覆膜液	电压/V	电流密度/(A/cm^2)	覆膜时间/s	覆膜温度/℃	阴极材料
9mL 40%氟硼酸溶液+200mL 蒸馏水	28	0.1～2.0	90	<40	铅块

　　图 3.35 为不同振动状态下铝基纵截面阳极覆膜处理后呈现出的金相组织。

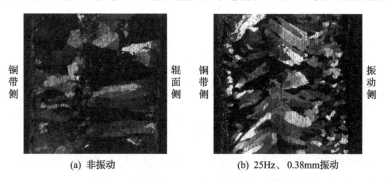

(a) 非振动　　　　　　　　　　(b) 25Hz、0.38mm振动

图 3.35　非振动与振动状态下制备的铸轧铜铝复合板带铝基金相组织

　　图 3.35(a) 为非振动状态下铝基的金相组织分布。在复合铸轧工艺过程中，熔池内铝液在两侧辊面处分别与铜带及轧辊发生换热，因此两侧冷却梯度存在差异，从而导致铸轧复合板带铝基层金相组织沿中心线呈非对称分布。但两侧晶粒分布的大体规律依然符合铸轧薄带金相组织呈现的基本态势，即沿薄带厚度方向由表面到心部依次可划分为表层细晶区、柱状晶区和心部等轴晶区，这一点已被广大铸轧方面研究的学者做出报道[34,35]。由图可知，两侧柱状晶区晶粒宽度大体相同，可以在侧面反映出两侧凝固过程中形核率无显著差异。而铜带侧柱状晶长度明显大于辊面侧，这是由于铜带侧冷却梯度较高。图 3.35(b) 为振动状态下铝基层金相组织的变化。由图可知，振频的增加会导致振动侧表层细晶区的不断扩大，柱状晶区受到抑制，同时整体晶粒宽度有所减小。铜带侧晶粒也受到了影响，柱状晶长度明显降低。由此可知，振频的增加会提升熔池区整体的形核率，振动侧的提升效果相对更加明显，而且振动会在振动侧造成一定的枝晶剪切效果，从而抑制

柱状晶的生长。这两者共同作用致使整个纵截面上平均晶粒尺寸大幅下降。

结合拉伸试验结果可知，振动对铜铝铸轧复合板带强度及韧性的改善效果主要是通过细化铝基层的晶粒实现的。晶粒细小的金属材料在受到外力作用发生塑性变形时，可以将变形分散在更多的晶粒内进行，变形均匀，应力集中小。同时，晶粒越细，晶界面积越大，形状越曲折，越有利于阻碍位错的迁移与裂纹的扩展。

3.5.3　振动铸轧铜铝复合板带复合界面扫描分析

为研究振动对铜铝复合铸轧界面层造成的影响，明确振动提升界面结合强度的机理，使用扫描电子显微镜(SEM，ZeIS-Sigma 500)对不同振动参数下制备的铸轧复合板坯纵截面上结合界面区域进行 X 射线面扫描与线扫描，扫描方向垂直轧制方向，如图 3.36 所示。

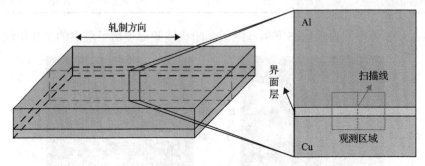

图 3.36　复合界面扫描位置示意图

扫描结果如图 3.37 所示，图中白色基体为铜，黑色为铝。由图可知，振动可以有效降低界面层的总厚度。由有关界面应力的分析可知，振动在复合铸轧工艺过程中可以使界面层上的正应力呈周期性变化，对界面层产生动态冲击的效果。同时振动还会使界面层同一个位置所受剪应力的方向不断变化，对界面层产生"反复揉搓"的效果。界面上的压应力与剪应力可以使旧有界面层破碎，新鲜金属嵌入界面层破碎后形成的空隙中，相互扩散形成新的界面层。这一过程可以有效降低界面层厚度。因此，振动对界面应力造成的改变强化了复合铸轧过程中旧有界面层的破碎程度，即为此处振动降低复合界面厚度的原因。

这就为振动提升界面结合强度的机理做出了解释。铜铝层状复合的界面层厚度是影响其结合强度的一项关键因素。界面层过薄，则双金属间未形成有效黏结，结合强度低。而界面层过厚，又会由于界面层中的金属间化合物主体呈脆性，在变形过程中易于发生断裂。为实现较高的结合强度，界面层厚度应保持在合理范围内。因此，振动带来的"往复搓轧效果"，对界面层有减薄作用，是使其结合强度提升最直接的原因。诚然，在固液复合铸轧工艺中，尚有其他因素可以对界面层厚度起到有效的调节作用。例如，降低开浇温度同样会通过降低界面

(a) 非振动工况

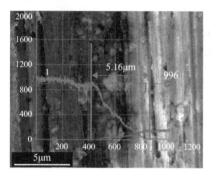

(b) 振频25Hz、振幅0.38mm

图 3.37　非振动与振动状态下制备的复合铸轧板坯界面厚度对比图

温度及提升轧制力的方式来降低复合界面厚度，以增加其结合强度。但是铸轧工艺本身就由于短流程、快速化的特点而大大提升了其对常规工艺参数之间匹配度的要求，故为追求更高的结合强度盲目降低开浇温度，会大大提升发生"轧卡"等工艺问题的风险。而振动作为外加能场，相当于为界面厚度调控开辟了常规工艺以外的新渠道。固液振动复合铸轧这项新技术在对复合界面质量的调控上，确实存在切实的作用效果和较高的实用性，是层状复合板带制备领域极具工业化潜力的新工艺之一。

参 考 文 献

[1] 杜凤山, 孙明翰, 许志强, 等. 一种双金属复合板带材固液振动铸轧设备及方法: 中国, CN201710519919.5[P]. 2017-09-08.

[2] Zhang X M, Jiang Z Y, Yang L M, et al. Modelling of coupling flow and temperature fields in molten pool during twin-roll strip casting process[J]. Journal of Materials Processing Technology, 2007, 187: 339-343.

[3] 崔鹏鹏, 孙斌煜, 宋黎, 等. 碳钢-不锈钢固-液复合铸轧的热流数值模拟[J]. 特种铸造及有色合金, 2016, 36(2): 144-147.

[4] Saxena A, Sahai Y. Modeling of fluid flow and heat transfer in twin-roll casting of aluminum alloys[J]. Materials Transactions, 2002, 43(2): 206-213.

[5] 金珠梅, 赫冀成, 邸洪双. 广义流体的概念在金属流动凝固传热分析模型中的应用[J]. 计算物理, 1999, 16 (4): 409-413.

[6] Grydin O, Gerstein G, Nurnberger F, et al. Twin-roll casting of aluminum-steel clad strips[J]. Journal of Manufacturing Processes, 2013, 15 (4): 501-507.

[7] 刘鑫, 刘立军, 王元, 等. 几种湍流模型在晶体生长模拟中的应用及比较[C]//中国工程热物理学会流体机械 2009 年学术会议, 大连, 2009.

[8] Lam C, Bremhorst K. A modified form of the k-ε model for predicting wall turbulence[J]. ASME Transactions Journal of Fluids Engineering, 1981, 103: 456-460.

[9] Brinkman H C. A calculation of the viscous force exerted by a flowing fluid on a dense swarm of particles[J]. Flow, Turbulence and Combustion, 1949, 1 (1): 27.

[10] Asai S, Muchi I. Theoretical analysis and model experiments on the formation mechanism of channel-type segregation[J]. Transactions of the Iron and Steel Institute of Japan, 1978, 18 (2): 90-98.

[11] Mizukami H, Suzuki T, Umeda T. Temperature measurement during rapid solidification of 18Cr-8Ni stainless steel and its initial solidification structure[J]. Tetsu-to-Hagané, 1991, 77 (10): 1672-1679.

[12] 邢磊, 张立文, 张兴致, 等. TP2 铜与 3Cr2W8V 模具钢的瞬态接触换热系数[J]. 中国有色金属学报, 2010, 20 (4): 662-666.

[13] Xu M G, Zhu M Y. Numerical simulation of the fluid flow, heat transfer, and solidification during the twin-roll continuous casting of steel and aluminum[J]. Metallurgical and Materials Transactions B, 2016, 47 (1): 740-748.

[14] 黄华贵, 季策, 董伊康, 等. Cu/Al 复合带固-液铸轧热-流耦合数值模拟及界面复合机理[J]. 中国有色金属学报, 2016, 26 (3): 623-629.

[15] Fotrinopoulos P, Papacharalampopoulos A, Stavropoulos P. On thermal modeling of additive manufacturing processes[J]. CIRP Journal of Manufacturing Science and Technology, 2018, 20: 66-83.

[16] Carra F. Thermomechanical response of advanced materials under quasi instantaneous heating[D]. Torino: Politecnico di Torino, 2017.

[17] 干勇, 赵沛, 王玫, 等. 振动激发金属液原位形核的物理模拟[J]. 钢铁研究学报, 2006, 18 (8): 9-13.

[18] Jacson K A, Hunt J D, Uhlmann D R, et al. On the origin of the equiaxed zone in castings[J]. Transactions of the Metallurgical Society of AIME, 1966, 236 (2): 139-149.

[19] Southin R T. Nucleation of the equiaxed zone in cast metals[J]. Transactions of the Metallurgical Society of AIME, 1967, 239 (2): 220-225.

[20] 马瑞. 超声化学法制备 Fe_3O_4 纳米晶的研究[D]. 杭州: 浙江大学, 2012.

[21] 王海军, 孙明翰, 朱志旺, 等. 20CrMn 钢双辊薄带振动铸轧第二相粒子析出行为研究[J]. 中国机械工程, 2019, 30 (9): 1065-1071.

[22] Lv Z, Du F, An Z, et al. Centerline segregation mechanism of twin-roll cast A3003 strip[J]. Journal of Alloys and Compounds, 2015, 100 (643): 270-274.

[23] 马存强, 侯陇刚, 张济山, 等. 铝合金板材异步轧制翘曲缺陷的有限元数值分析[J]. 塑性工程学报, 2014, 21 (1): 71-77.

[24] 李范春. 扩展裂纹尖端的弹-粘塑性场[J]. 哈尔滨工业大学学报, 2000, (2): 132-135.

[25] 黄华贵, 刘文文, 王巍, 等. 基于生死单元法的双辊铸轧过程热-力耦合数值模拟[J]. 中国机械工程, 2015, 26 (11): 1503-1508.

[26] 汪振华, 袁军堂, 刘婷婷, 等. 生死单元法分析薄壁件加工变形[J]. 哈尔滨理工大学学报, 2013, 17 (6): 81-85.

[27] 张云湘. 瞬态法接触热阻实验研究及其在快速铸轧工艺参数仿真中的应用[D]. 长沙: 中南大学, 2002.

[28] 李晓谦. 连续铸轧的热传递系数的一种简便计算方法[J]. 中南矿冶学院学报, 1992, 12: 65-69.

[29] 朱德才. 固体界面接触换热系数的实验研究[D]. 大连: 大连理工大学, 2007.

[30] 董伊康. 双金属复合带材固-液铸轧成形数值模拟及复合机理实验研究[D]. 秦皇岛: 燕山大学, 2016.

[31] 彭成章, 刘静. 工艺因素对铝双辊铸轧凝固过程的影响[J]. 有色金属(冶炼部分), 2006, (6): 16-19.

[32] 汤德林, 刘相华. 异步轧制搓轧区几何参数[J]. 钢铁, 2015, 50(4): 34-39.

[33] 中华人民共和国国家质量监督检验检疫总局, 中国标准化委员会. GB/T 228.1—2010　金属材料　拉伸试验
第 1 部分: 室温试验方法[S]. 北京: 中国标准出版社, 2011.

[34] Nooning J R, Killmore C R, Kaul H, et al. Development of higher strength ultra-thin strip cast products produced via
the CASTRIP® Process[DB/OL]. Berlin: Research Gate, 2007.

[35] 吕征. 微振幅双辊薄带铸轧理论与实验研究[D]. 燕山大学, 2016.

第4章　铸轧态铜铝复合板界面微观形貌及力学性能

4.1　复合板界面微观形貌

水平双辊铸轧成型制备的铜铝复合板的宏观形貌如图 4.1 所示。铜铝复合板的铜侧和铝侧板型平整，未发现明显的外部缺陷。从复合板的侧面看，铜层和铝层结合紧密，没有局部熔融或铜层厚度减小的现象。

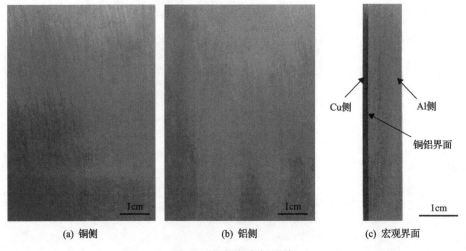

(a) 铜侧　　　　　　　　(b) 铝侧　　　　　　　(c) 宏观界面

图 4.1　铜铝复合板形貌

接着利用光学显微镜对铜层、铝层的微观组织进行观察。结果表明，铜层在整个厚度方向具有均匀的微观结构，如图 4.2(a) 所示，这与铜层(板带)厚度较薄且铜具有良好的导热性能有关。而铝液在双辊铸轧过程中由于良好的导热、散热形成了在厚度方向的温度梯度和凝固结晶方向。在平行于铸轧方向上，铜层晶粒形态无明显变化，铝层显微结构为沿铸轧方向排列的纤维组织(图 4.2(b)～(d))，表层区域及复合材料界面处冷却较快、晶粒较细(图 4.2(b))，心部冷却较慢、晶粒较大(图 4.2(d))，从表层至心部铝晶粒纵横比逐渐减小。梯度结构金属材料由于同时拥有表层细晶的高强度低塑性和心部粗晶的低强度高塑性，两者合理搭配后能够显著提高材料的强塑性，解决传统材料强度-塑性的倒置关系，还具有良好的抗疲劳特性，近年来受到科研工作者的极大关注。因此，铝层晶粒沿厚度方向的梯度变化也有利于铝层强度和塑性的同时提高。

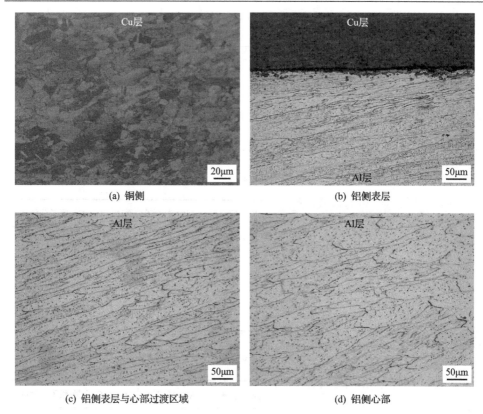

(a) 铜侧

(b) 铝侧表层

(c) 铝侧表层与心部过渡区域

(d) 铝侧心部

图 4.2　复合板铜侧、铝侧的光镜图

　　进一步将不同厚度的铜铝复合板界面区域在扫描电镜下放大，结果如图 4.3 所示。背散射电子(back scattered electron, BSE)图像亮度和原子序数有关，原子序数越高激发背散射电子数越多，亮度越高。铜原子序数要高于铝，因此铜侧亮度要高于铝侧，图中黑色为铝基体，白色为铜基体。同时，从图中可以看到界面处有一条平直、干净、无破碎现象的白亮带，它的衬度不同于铜、铝两侧，说明界面处有新物质生成。8mm 厚的铜铝复合板界面层厚度约为 0.35μm；9mm 厚的铜铝复合板界面层厚度约为 0.6μm；10mm 厚的铜铝复合板界面层厚度约为 0.8μm。界面层的形成表明铜层和铝层之间实现了冶金结合。界面区域无明显的孔洞和裂纹，表明冶金结合良好，这可归因于铸轧过程中熔融态的铝与铜板接触后剧烈换热。铜板表层在熔融态铝的高温和轧机巨大的轧制压力下产生塑性变形，在此过程中界面附近的位错等缺陷会释放形变储能激活界面处的铜原子和铝原子，使其相互扩散，同时滑移带和位错为原子扩散提供通道。铜和铝的晶格结构相同，因此两者具有一定的相容性，最终在界面缺陷周围形成固溶体。随着铜原子和铝原子的互扩散，固溶体逐渐饱和，金属间化合物形核析出并沿界面横向和纵向扩散直到形成连续的扩散层。

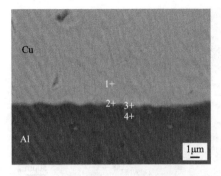

点	预测相	Al含量(原子分数)/%	Cu含量(原子分数)/%
1	Cu	0	100.00
2	Al_2Cu	67.21	31.79
3	Al_2Cu	65.79	34.21
4	Al	100.00	0

(a) 8mm

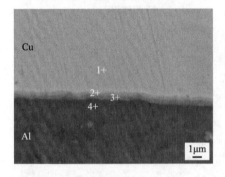

点	预测相	Al含量(原子分数)/%	Cu含量(原子分数)/%
1	Cu	0	100.00
2	Al_4Cu_9	22.16	77.84
3	Al_2Cu	63.33	36.67
4	Al	100.00	0

(b) 9mm

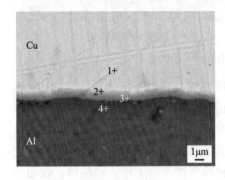

点	预测相	Al含量(原子分数)/%	Cu含量(原子分数)/%
1	Cu	0	100.00
2	Al_4Cu_9	20.15	79.85
3	Al_2Cu	65.89	34.11
4	Al	100.00	0

(c) 10mm

图 4.3　不同厚度铜铝复合板界面的扫描电镜图和能谱数据

　　界面层的物相种类也对界面结合强度至关重要。在其他工艺制备的铜铝复合板界面层中，常发现以下脆性金属间化合物：Al_2Cu、Al_4Cu_9、$AlCu$ 和 Al_2Cu_3。为进一步确定界面层中元素的扩散情况及物相种类，对界面层近铜侧、近铝侧及附近区域分别进行能谱点分析，在图 4.3 中标出测量点。结果显示位于铝侧的测量点 1 处无铜原子，铜侧的点 4 处也无铝原子，说明铜铝元素的扩散仅限于界面层。结合铜铝二元相图及能谱点分析结果，初步判断 8mm 厚铜铝复合板界面层为 Al_2Cu 相，9mm 和 10mm 厚铜铝复合板界面层近铜侧的金属间化合物为 Al_4Cu_9，近铝侧的金属间化合物为 Al_2Cu。

图 4.4 所示为不同厚度铸轧板剥离面的 X 射线衍射 (X-ray diffraction, XRD) 分析。从图中可以看出，随着铸轧板厚的增加，所形成的金属间化合物逐渐增多。8mm 板剥离面上铜铝两侧都只简单有一些 Al_2Cu 相，随着板厚的逐渐增加，9mm、10mm 板上剥离面出现了 Cu_9Al_4。根据 XRD 和剥离面能谱分析，界面处应该优先生成了 Al_2Cu 相，然后再生成 Al_4Cu_9 相，这和铸轧过程中的热作用是有联系的。同时还可以判断，复合板沿界面撕裂是沿着金属间化合物相进行的，在铝侧剥离面上主要有 Al_2Cu 相，铜侧主要是 Al_4Cu_9 相，而剥离主要沿着靠近铝侧的 Al_2Cu 相，说明这些硬而脆的金属间化合物对结合界面是有很大影响的。

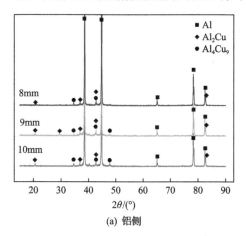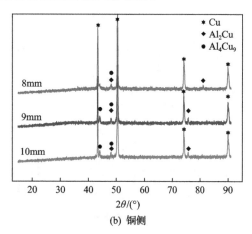

图 4.4　不同厚度板剥离面 XRD 图谱

图 4.5 所示是不同厚度铸轧态铜铝复合板经过剥离试验后铜铝两侧剥离面的背散射电子像。由图可看到，铜铝两侧的剥离面大体存在两种形貌特征：一种为颜色灰白，呈山脊状的形貌；另一种为颜色较深，而表面相对平整的形貌。通过对这些形貌进行成分点扫描 (表 4.1) 分析发现，呈山脊形貌特征的物相为铝，而呈现灰白色并且表面较为平整的为铜铝金属间化合物 (Al_2Cu 和 Al_4Cu_9)。同时也发现，随着复合板厚度和界面层厚度的逐渐增加，剥离面化合物的面积比例有所增加，这也就意味着裂纹趋向于只在化合物中扩展。

对于铸轧态复合板，其为铜-金属间化合物-铝三层结构。在剥离过程中，裂纹可能在三层中的任意一层中扩展，也可能在三层结构间的相界处扩展。首先分析铜铝基体，由于铝的断裂强度小于铜，如果裂纹选择在基体中断裂，则优先发生在铝基体处。铝是典型的面心立方晶体结构，滑移系较多，具有良好的塑性，因此在断裂过程容易发生较大的塑性形变，形成特有的山脊形貌。而对于金属间化合物层，脆性较大，易发生晶界断裂或穿晶断裂，表现为低倍下表面平整的脆性断裂形貌特征。铸轧态复合板的铜铝两侧剥离面都被呈现山脊形貌的铝层和

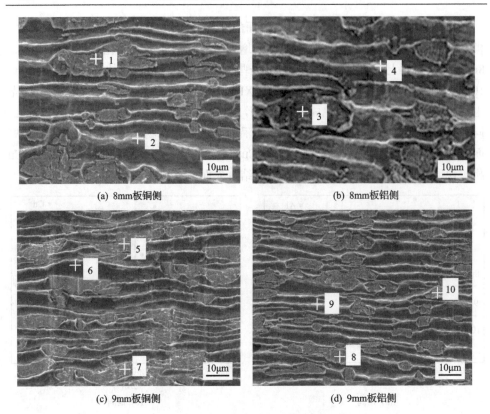

(a) 8mm板铜侧　　　　　　　　　　　　　　　　(b) 8mm板铝侧

(c) 9mm板铜侧　　　　　　　　　　　　　　　　(d) 9mm板铝侧

图 4.5　不同厚度板剥离面背散射电子像

表 4.1　剥离面不同点处化学成分及可能存在的相

图 4.5 中的点	Cu 含量(原子分数)/%	Al 含量(原子分数)/%	可能的相
1	32.37	67.63	Al$_2$Cu
2	3.47	96.53	Al
3	34.04	65.96	Al$_2$Cu
4	01.25	98.75	Al
5	68.46	31.54	Al$_4$Cu$_9$
6	1.88	98.12	Al
7	31.75	68.25	Al$_2$Cu
8	33.72	66.28	Al$_2$Cu
9	0	100	Al
10	70.65	29.35	Al$_4$Cu$_9$

呈现平整形貌的金属间化合物层所覆盖。在对铜铝两侧两种特征剥离面占比进行统计(铜侧残留铝 47.5%,铝侧暴露铝 51.2%)后发现,其占比基本一致。这证明裂纹未发生在金属间化合物和铜铝中间的相界处,进一步验证了铜铝基体与界面

层之间的结合力较强。以上分析表明，铸轧态铜铝复合板的剥离断裂只发生在铝基体和 IMC 层。由于铝基体自身具有较高的断裂强度，而剥离形貌中显示裂纹发生在铝处占有较大的比例，从而保证铸轧态铜铝复合板拥有较高的剥离性能。

　　上述结果表明，铸轧态铜铝复合板的界面具有以下结构特征：由 Al_2Cu 和 Al_4Cu_9 两种晶粒层构成，界面与基体结合面清晰，裂纹更容易扩展到铝基体中（图 4.6）；同时金属间化合物层与铜铝基体的相界面均存在耦合的情况。这种界面结构特征保证了金属间化合物自身结构以及与基体组织都具有较强的结合强度。因此当断裂表现为铝基体中断裂行为时，铝基体自身的结合力起主要增强作用。当断裂表现为金属间化合物层间断裂时，金属间化合物自身的结合力起主要增强作用。铸轧态复合板结合强度的增强主要依靠界面附近的铝基体结合力和金属间化合物层间结合力。

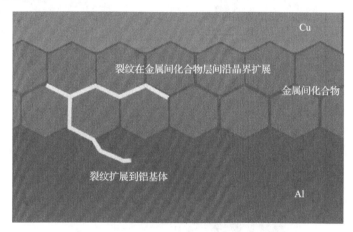

图 4.6　铸轧态复合板界面裂纹扩散示意图

4.2　复合板界面组成成分及组织结构

4.2.1　复合板界面化合物鉴定

　　不同厚度铜铝复合板界面区域 TEM 图像及电子衍射花样如图 4.7 和图 4.8 所示。从图 4.7（a）可以看到，8mm 厚铜铝板界面处有一层连续且纳米级宽度金属间化合物生成。通过对化合物及化合物两侧进行衍射花样标定可知，两侧为面心立方 Al、Cu，金属间化合物为 Al_2Cu。通过比例尺换算金属间化合物 Al_2Cu 厚度约为 0.35μm。当铜铝板厚度增至 9mm 以上时，界面层也由一层变为两层，且厚度逐渐增加，9mm 板界面层厚度约为 0.6μm，10mm 板界面层厚度约为 0.8μm。通过对特征区域衍射斑点的分析可知，在靠近铝附近的化合物层为 Al_2Cu，而靠近

铜侧的为 Al_4Cu_9，界面层成分分布均匀，晶粒尺寸大部分在 500nm 以内，具有一定的等轴晶特征。

图 4.9 所示的亮相下铸轧态复合板界面透射微观形貌、高分辨相和快速傅里叶变换 (fast Fourier transform, FFT) 分析。图 4.9(b) 为铜与铜界面结合处的高分辨

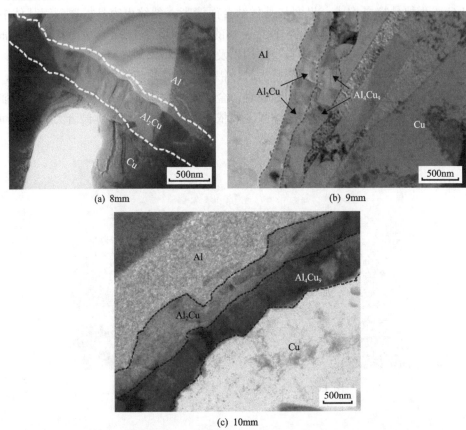

(a) 8mm　　　　　　　　　　　　　　(b) 9mm

(c) 10mm

图 4.7　亮场下铸轧态不同厚度铜铝复合板界面透射微观形貌

(a) Al　　　　　　　　　　　　　　(b) Al_2Cu

(c) Al₄Cu₉　　　　　　　　　　　　　　　(d) Cu

图 4.8　界面特征区域的衍射花样分析

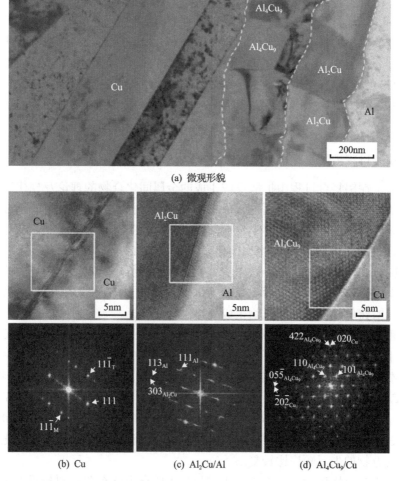

(a) 微观形貌

(b) Cu　　　　　　　　(c) Al₂Cu/Al　　　　　　　(d) Al₄Cu₉/Cu

图 4.9　亮场下铸轧态铜铝复合板界面透射微观形貌、界面高分辨相及 FFT 分析

图像和 FFT 分析图像，可以看出铜的孪晶沿着(111)晶面。图 4.9(c)和(d)为界面与基体结合处的高分辨图像和 FFT 分析图像，可以发现 Al_2Cu 和 Al 存在 $(113)_{Al_2Cu}//(303)_{Al}$ 的位相关系，晶带轴满足 $[\bar{2}20]_{Al_2Cu}//[11\bar{1}]_{Al}$。

晶格错配度 δ 可以通过以下公式计算：

$$\delta = \frac{d_a - d_b}{d_a} \tag{4.1}$$

式中，d_a 和 d_b 分别为 Al_2Cu 和 Al 晶格的晶面间距，其数值可以通过 Al_2Cu 的 PDF 卡片(JCPDS 652695，I4/mcm 空间群，a=6.066nm)和 Al 的 PDF 卡片(JCPDS 65-2869，Fm$\bar{3}$m 空间群，a=4.050nm)进行查询而得。$(113)_{Al_2Cu}$ 和 $(303)_{Al}$ 的计算晶格晶面间距分别为 1.2210nm 和 1.2669nm，相应的错配度 δ 大约为 0.0362，属于共格界面结合方式，这表明 Al_2Cu 和 Al 的相界面存在耦合的情况。同时，对 Al_4Cu_9 和 Cu 的相界面进行考察，发现存在 $(422)_{Al_4Cu_9}//(020)_{Cu}$，$(05\bar{5})_{Al_4Cu_9}//(\bar{2}0\bar{2})_{Cu}$ 的位相关系，晶带轴满足 $[\bar{1}11]_{Al_4Cu_9}//[\bar{2}0\bar{2}]_{Cu}$。通过计算可得这两种界面的错配度分别为 0.0165 和 0.0364。Al_4Cu_9 和 Cu 的晶面间距通过 Al_4Cu_9 的 PDF 卡片(JCPDS 02-1254，cP52 空间群，a=0.8704nm)和 Cu 的 PDF 卡片(JCPDS 85-1326，Fm$\bar{3}$m 空间群，a=0.3615nm)查询而得，这表明，Al_4Cu_9 和 Cu 的相界面存在耦合的情况。

4.2.2　铸轧过程扩散层化合物形成规律

目前，铜铝复合过程中扩散反应生成的金属间化合物的理论及规律还没有完全准确的解释，且对扩散界面的形成机制研究较少。对界面动力学的部分研究表明，金属间化合物的生长速率随反应温度、时间及工艺参数的不同而变化，且差异明显。Eizadjou 等[1]曾报道，金属间化合物在 250℃时的生长速率约为 $10^{-13}cm^2/s$，要比 Abbasi 等[2]的报道大一个数量级(约为 $10^{-14}cm^2/s$)。可见，铜铝界面的形成是一个复杂的过程，以下结合对剥离面的化学成分和 XRD 分析，根据热力学和动力学计算对铸轧过程中的化合物生成规律进行分析。

从铜铝平衡相图可知[3]，铜铝在液态无限互溶、固态有限互溶。400℃以下，铝在铜中最大溶解度为 9.4%，铜在铝中为 1.5%。500℃以下，铜铝体系中除 α 相(铝在铜中的固溶体)和 χ 相(铜在铝中的固溶体)外，还有以下金属间化合物：γ_2 相(Al_4Cu_9，w(Cu)为 84.2%～80%)，δ 相(Al_2Cu_3，w(Cu)为 79%～78%)，ξ 相(Al_4Cu_3，w(Cu)为 75.4%～74.7%)，η_2 相(AlCu，w(Cu)为 71.8%～71%)，θ 相(Al_2Cu，w(Cu)为 54.5%～53%)。因此，在反应过程中生成何种金属间化合物以及生成化合物的先后顺序比较复杂。

由热力学分析可知，化合物的生成与其生成自由能有关。判断两组元之间能否发生化学反应，以最小自由能原理为基本判断，即在恒温恒压条件下，封闭体

系中反应自发进行的方向是使其自由能降低的方向，即需满足

$$\Delta G \leqslant 0 \tag{4.2}$$

$$\Delta G = \Delta H - T\Delta S \tag{4.3}$$

式中，H 为焓；T 为温度；S 为熵。

对于铜铝系，在结合界面上根据扩散原子浓度关系可能发生如下反应：

$$2Al + Cu \longrightarrow CuAl_2$$

$$4Al + 9Cu \longrightarrow Cu_9Al_4$$

$$2Al + 3Cu \longrightarrow Cu_3Al_2$$

$$Al + Cu \longrightarrow CuAl$$

$$3Al + 4Cu \longrightarrow Cu_4Al_3$$

根据文献可估算得金属间化合物标准吉布斯生成自由能见表 4.2[4]，各金属间化合物的生成顺序如图 4.10 所示。

表 4.2　铜铝金属间化合物生成吉布斯自由能

金属间化合物	$\Delta G/(\text{J/mol})$
Al_4Cu_9	$-334000+96.1T$
Al_2Cu_3	$-128440+36.9T$
Al_3Cu_4	$-179800+51.7T$
$AlCu$	$-51380+14.8T$
Al_2Cu	$-77100+22.3T$

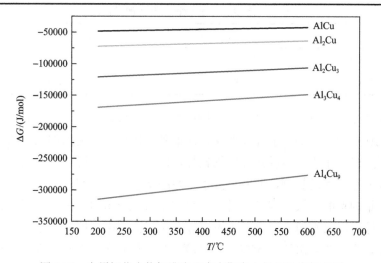

图 4.10　金属间化合物标准生成吉布斯自由能与温度的关系

从热力学上分析，化合物的生成及其先后顺序与其自由能有关。由此可以看出，200～600℃范围内，金属间化合物的生成顺序为 Al_4Cu_9(–341015～–302575J/mol)、Al_3Cu_4(–183574～–162894J/mol)、Al_2Cu_3(–131134～–116374J/mol)、Al_2Cu(–78727.9～–69807.9J/mol)、$AlCu$(–52460.4～–46540.4J/mol)，但实际上化合物的生成不仅和热力学有关，还与扩散动力学有紧密联系。

根据 Arrhenius 公式：

$$D = D_0 \exp\left(\frac{-Q}{RT}\right) \tag{4.4}$$

式中，D 为扩散系数(m^2/s)；Q 为扩散激活能(J/mol)；T 为温度(K)；D_0 为扩散因子(m^2/s)；R 为理想气体常数，8.314J/(mol·K)。

将表 4.3 中数据代入式(4.4)可得

$$\frac{D_{Al \to Cu}}{D_{Cu \to Al}} = \frac{D_{01}e^{\left(-\frac{Q_1}{RT}\right)}}{D_{02}e^{\left(-\frac{Q_2}{RT}\right)}} = \frac{2.3\times10^{-4}\times e^{\frac{-1.655\times10^{-5}}{8.314T}}}{8.4\times10^{-6}\times e^{\frac{-1.36\times10^{-5}}{8.314T}}} \approx 0.27\times10^2\times e^{\frac{-1.217}{T}}$$

$$\frac{D_{Al \to Cu}}{D_{Cu \to Al}}(T=200℃) = 0.025 \leqslant 1$$

$$\frac{D_{Al \to Cu}}{D_{Cu \to Al}}(T=600℃) = 0.49 \leqslant 1$$

表4.3　铜铝原子扩散因子及扩散激活能

元素	扩散因子/(m^2/s)	扩散激活能/(J/mol)
Al 在 Cu 中	D_{01}=2.3×10^{-4}	Q_1=1.655×10^5
Cu 在 Al 中	D_{02}=8.4×10^{-6}	Q_2=1.36×10^5

可见在 200～600℃范围内，铝在铜中的扩散系数远比铜在铝中的扩散系数要小，因此铜向铝基中的扩散速度要比铝向铜基中快得多。根据铜铝相图，铝液在 690℃进行浇注，由于两者导热性能均较好，会迅速提高与其接触的铜表面的温度，使铜表面原子热运动加剧，此时铝处于半熔融状态，原子间隙较大，也会使互扩散过程中铜向铝的扩散更容易。另外，Al_4Cu_9 与 Al_2Cu 生成能分别为 0.83eV 和 0.78eV。综合以上原因，铜原子率先通过界面与铝侧原子接触，在富铝区优先形成固溶体，当铜的含量达到 55%(质量分数)时，在界面处开始形成 Al_2Cu。

4.3　复合板的力学(电学)性能

4.3.1　复合板拉伸力学性能分析

对用铸轧法制备的不同厚度铜铝复合板,纯铜板和纯铝板进行力学性能测试,测试结果见表 4.4。从表中可以看出,复合板的抗拉强度和延伸率均介于纯铜板和纯铝板之间,且更接近于工业纯铝,这是因为铝层的厚度占复合板厚度的比例较大。

表 4.4　力学性能测试结果(强度/延伸率)

厚度	铜铝复合板	纯铜板	纯铝板
10mm	117.3MPa/48.4%	177.0MPa/28.9%	79.3MPa/38.0%

不同厚度铜铝复合板具有相似的力学性能和拉伸变形特征,以 10mm 厚铸轧态铜铝复合板为例,其室温条件下应变速率为 $1 \times 10^{-3} \mathrm{s}^{-1}$ 时的拉伸应力-应变曲线如图 4.11 所示。从图中可以看出,铸轧铜铝复合板的抗拉强度和断裂伸长率分别达到 117.3MPa 和 48.4%,表现出塑性变形特征,并且复合板的均匀伸长率达到 26.9%,表明铸轧铜铝复合板拥有优异的应变强化能力。通过查阅不同制备方法制得的铜铝复合板的塑性发现,采用异步轧制法制备的铜铝层状复合材料的断裂伸长率仅有 7.3%[5],采用等离子体活化烧结工艺制备的铜铝层状复合材料的断裂伸长率仅有 11%[6],铸轧法制备的铜铝复合板具有良好塑性,可归因于铸轧过程中没

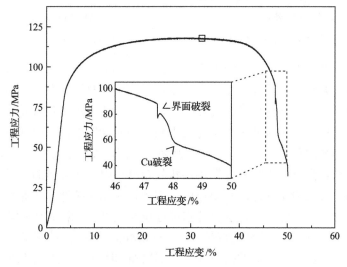

图 4.11　铜铝复合板拉伸应力-应变曲线

有在材料中形成大的残余应力，同时优异的界面结合状况也是促进铜层、铝层相互协同获得良好塑性的保障。该拉伸结果也表明，采用双辊铸轧技术制备的铜铝复合材料具备进一步深加工变形的能力。

值得注意的是，在 STS/Al/Mg 层状复合材料拉伸均匀变形阶段观察到的应力突然下降现象在铸轧铜铝复合板的均匀变形阶段并未出现[7]，铜铝复合板的拉伸应力-应变曲线呈现出光滑的特性。STS/Al/Mg 层状复合材料的拉伸应力突然下降可归因于弱界面结合的过早破坏。而在复杂的应力条件下，铜铝复合板较强的界面结合可以很好地协调铜层和铝层的变形，从而在拉伸过程中不会过早发生界面分层。但是，随着应变的增加，由于机械不相容性，铜层和铝层之间的内应力也将逐渐增加。最后，当内应力超过界面结合强度时，发生界面层断裂，如图 4.11 所示。在图 4.11 的局部放大图中可以看到应力-应变曲线的结束阶段存在两个应力转折点。在约 47.4% 的工程应变处的第一个应力转折点表示铜铝界面分层，宏观形貌如图 4.12(a) 所示。然后，在约 48.0% 的工程应变处的第二个应力转折点表示铜层的断裂，宏观形貌如图 4.12(b) 所示。由于铜铝界面分层和铜层断裂的应变间隔很小（约 0.6%），几乎可以认为它们同时发生。

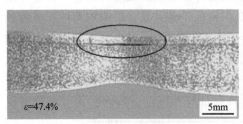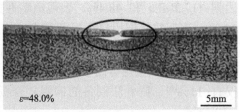

(a) 界面的失效破坏　　　　　　　　　　　　(b) 铜层的失效破坏

图 4.12　铜铝复合板拉伸过程中界面和铜层的相继失效破坏

图 4.13 为铜铝复合板拉伸断口形貌，能够观察到界面处铜、铝分开，因为铜的线收缩系数要小于铝线收缩系数，当复合板被拉伸时铜先发生断裂，铝的韧性好，后断裂，这样两种材料界面就会产生开裂。同时观察 C 位置发现，断口铝侧面凹凸不平，这是由于拉伸过程中先发生断裂的铜会撕裂铝，前面提到铜铝复合板断裂方式为塑性断裂，一部分铝会被撕裂到铜侧，从而导致铝侧面表面不平整。

除界面结合强度的影响外，铜铝层状复合材料中组元金属的力学性能也是决定铸轧铜铝复合板力学性能的重要原因。因此，在相同拉伸应变速率下，对从铜铝复合板中分离出的铝层和铜层也分别进行拉伸试验，结果如图 4.14(a) 所示。从图中可以看出，纯铜具有较高的抗拉强度 177.0MPa，但断裂伸长率较低，为 28.9%；相比较而言，铝层具有较低的抗拉强度 79.3MPa 和较高的断裂伸长率 38.0%。值得注意的是，铜铝层状复合材料的断裂伸长率（48.4%）明显高于纯铜或纯铝，这可归因于层状结构提高了铜铝复合材料的应变强化能力（$\Theta=d\sigma/d\varepsilon$）（图 4.14(b)）[8]。

图 4.13　铜铝复合板界面拉伸断口形貌

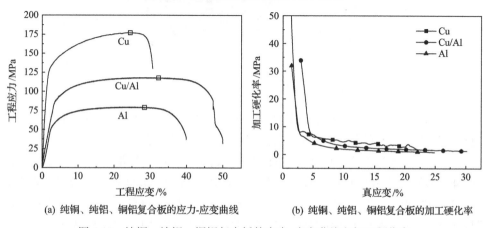

(a) 纯铜、纯铝、铜铝复合板的应力-应变曲线　　　(b) 纯铜、纯铝、铜铝复合板的加工硬化率

图 4.14　纯铜、纯铝、铜铝复合板的应力-应变曲线和加工硬化率

同时，铸轧铜铝复合板的拉伸强度（117.3MPa）也大于经过混合规则计算出的值（94.0MPa）。通常情况下材料的强度和塑性呈倒置关系，但在本节中，通过水平双辊铸轧工艺制备的铜铝层状复合材料同时具有高强度和高塑性，表现出优异的力学性能。

得益于特殊的结构设计，一些复合材料能够同时拥有高强度和高塑性，如钛铝层状复合材料[8]、层状 Ti-TiB$_W$/Ti 复合材料[9]和 Al$_3$Ti/2024Al 复合材料[10]。关于这些复合材料中同时获得高强度和高塑性的机理，组元材料的机械不相容性是主要原因。在拉伸载荷下，尽管铝层和铜层具有相同的名义应变量，但当铝层首先开始塑性变形时，铜层由于较高的弹性模量，仍然保持弹性变形。在这种情况下，较软铝层的变形将受到较硬铜层的约束，因此大量位错将在铜铝界面处塞积，并进一步产生远程背应力，以抑制位错滑移和位错源发出更多的位错[11]。也就是说，在界面的约束作用下，铝层基体中的位错滑移将变得更加困难，从而有效提高铜铝层状复合材料的应变强化能力，这有助于提高材料的强塑性[12]。这也是铜铝复合材料的拉伸强度高于计算值、塑性优于纯铝的原因。在铜铝复合板的拉伸试验中，背应力约占试验实测拉应力的 19.9%（19.9%=$(\sigma_{experimental}-\sigma_{calculation})/\sigma_{experimental}\times$100%），这与 Cu-Cu$_{30}$Zn-Cu 层状复合材料的计算结果（20%）相似[13]。

　　由于铜铝复合板良好的界面结合，铜层和铝层在拉伸均匀变形阶段或缩颈变形阶段都没有发现明显的界面分裂直到最终破裂，表现出优异的协同变形能力，如图 4.15 所示。得益于突出的协同变形能力，铜层的断裂伸长率从 28.9%提高到44.0%，铝层的断裂伸长率也从 38.0%提高到 48.4%。

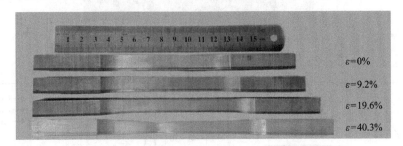

图 4.15　铜铝复合板不同应变量下的宏观形貌

　　然而，作为铜层和铝层的连接桥梁，界面层在拉伸过程中的变形不能被忽视。对铸轧铜铝复合板的界面在拉伸过程中的破坏演变过程进行观察后发现，随着复合板的变形进入塑性变形阶段，界面层便开始断裂，但裂缝很小并且垂直于界面（图 4.16（a））。在界面层中首先出现断裂可归因于界面金属间化合物的脆性本质。随着应变的增加，铝层和铜层进一步伸长，界面层碎片的间距也进一步扩大。同时，随着应变的增加而增加的内应力将界面层撕裂成更小的片段（图 4.16（b））。值得注意的是，断裂后的界面层片段仍然保持与铝层和铜层的良好结合，并且仍然

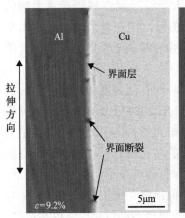
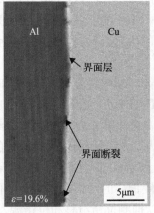
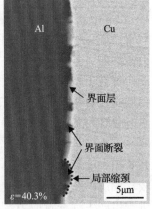

(a) 应变量9.2%下的界面形貌　　(b) 应变量19.6%下的界面形貌　　(c) 应变量40.3%下的界面形貌

图 4.16　铜铝复合板拉伸过程中的界面演变

可起到协同铝层和铜层变形的作用，使得铜铝复合板的变形在宏观上保持连续。随着应变的进一步增加，界面层的断裂破碎变得更严重，并且破裂的界面层间距变得更宽（图 4.16(c)）。即使如此，由于界面层与铝层和铜层的优异结合条件，界面裂纹也没有发生沿界面的横向扩展。在一些局部区域，破坏的界面层间距变得如此之宽以至于组元金属失去界面的约束而开始单独变形，并且发生铜层的局部颈缩。在 43.4%的名义拉伸应变下，铜铝界面突然出现开裂并随之发生铜层的断裂，宏观形貌如图 4.12 所示。表明界面区域内部应力随着应变的增加持续增加，并在某一点突然释放。

高的界面结合强度使水平双棍铸轧技术生产的铜铝层状复合材料的变形行为具有独特的特性。根据从宏观尺度和微观尺度的观察结果分析，水平双棍铸轧技术生产的铜铝层状复合材料的失效机理可以用图 4.17 来说明。首先，在均匀变形阶段，铜层和铝层在界面约束作用下同步伸长。但是，在 F_1 的载荷下，脆性界面层过早破裂，导致界面区域形成裂纹。幸运的是，铜层和铝层之间的协同变形仍然可以通过破裂的界面层片段来维持。直到颈缩变形阶段（F_2 阶段），铜铝层状复合材料的协同变形能力仍然很突出，保持宏观上的同步变形。此外，没有发现裂纹延伸到铜层或铝层，并且由于界面层与铝层和铜层的优异结合条件，界面裂纹也没有发生沿界面的横向扩展。虽然随着拉伸载荷的增加，界面层的断裂加剧，但过程比较温和，因此铜铝层状复合材料的应力-应变曲线在拉伸过程中表现出光滑的特性。在颈缩变形的结束阶段，随着应变的继续增加（F_3 阶段），在一些局部区域，破裂的界面层碎片的间距足够宽，以使铜层由于缺乏界面约束而单独变形，但铜层和铝层仍然保持宏观尺度的共变形特征（图 4.15）。在 F_4 阶段，破碎的界面层片段间距进一步加宽，形成肉眼可见的裂缝，这也意味着界面分层的形成（图 4.12(a)）。随后，铜层断裂（F_5 阶段）。由于界面分层和铜层断裂的应变间隔小至 0.6%，可以认为它们同时发生。之后，铝层单独破坏断裂。除了 F_4、F_5 和 F_6 的阶段（仅占整个变形过程的一小部分，约为 6.1%），铜层和铝层在拉伸过程中始终能够同步变形。因此，可以认为通过双辊铸轧技术生产的铜铝层状复合材料具有优异的协同变形能力。

应变速率是金属塑性变形性能的一个重要影响因素。通常情况下，金属的强度-塑性呈现明显的倒置关系，即随着应变速率的提高，抗拉强度增强而塑性降低。然而，研究人员在铜/青铜，铜/镍等层状复合材料的拉伸试验中发现，复合材料的抗拉强度与塑性随应变速率的增加而同时提高[14,15]。这一反常现象在异步轧制法生产的铜/铝/铜复合材料中也有所发现[16]，但作者并未详细探究。本节在 $1×10^{-4}$～$1×10^{-2}s^{-1}$ 范围内研究了不同应变速率下铸轧法生产的铜铝复合板室温拉伸性能，分析应变速率对铜铝复合板拉伸强度和塑性的影响。结合纯铜、纯铝的力学性能，探究铜铝复合板的协同变形行为和缩颈断裂机制。

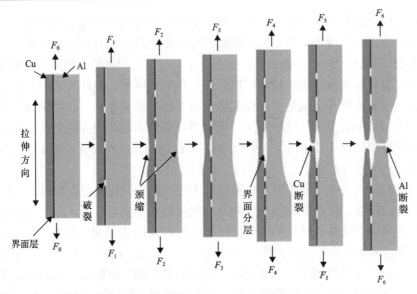

图 4.17　铜铝复合板拉伸失效机制示意图

　　铜铝复合板在不同应变速率下的室温拉伸性能如图 4.18(a)所示。从图 4.18(a)中可以看出,随着应变速率的增加,铜铝复合板的屈服强度变化很小(约 86MPa);但抗拉强度显著增加,同时断裂伸长率也反常地呈现出增加趋势,如图 4.18(b)所示。不同于异步轧制法制备的铜铝复合板在拉伸过程中的脆性断裂[16],拉伸应力在达到最大抗拉强度后缓慢下降,表明用双辊铸轧技术生产的铜铝复合板具有良好的韧性。同时,Mg/Al/STS 层状复合材料在拉伸均匀变形阶段由于界面开裂而使得应力呈现阶梯状的现象[7],在本节中应力快速下降阶段即断裂缩颈末期才出现(图 4.18(a)方框内),再次表明铜铝界面结合强度足够高,能够约束高强度低塑性的铜层和低强度高塑性的铝层在拉伸过程中相互协同,从而实现高强度高塑性。

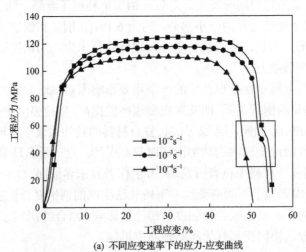

(a) 不同应变速率下的应力-应变曲线

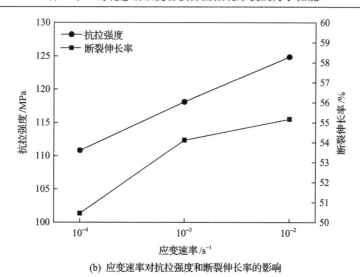

(b) 应变速率对抗拉强度和断裂伸长率的影响

图 4.18 铜铝复合板不同拉伸应变速率下的力学性能

组元金属的力学性能是复合材料力学性能的重要影响因素，在相同应变速率下对纯铜和纯铝进行拉伸试验，并与铜铝复合板的力学性能进行比较，结果如图 4.19 所示。从图 4.19(a)中可以看出，纯铜、纯铝和铜铝复合板的抗拉强度均随应变速率的增加而提高。其中，纯铜的抗拉强度最高，纯铝的抗拉强度最低，铜铝复合板的抗拉强度介于铜铝之间。但试验测得的铜铝复合板抗拉强度显著高于根据混合定律(ROM，$\sigma_{Cu/Al}=\sigma_{Cu}v_{Cu}+\sigma_{Al}v_{Al}$，$\sigma$ 为强度，v 为体积分数)计算的抗拉强度。这种试验测试与混合定律计算结果不相符的现象在 Cu/Ni、Ti-TiB$_w$/Ti 等层状复合材料的拉伸试验中也有发现，这主要归因于界面的影响。有研究表明，复合材料的拉伸变形性能随界面结合强度的提高而显著增加[17]。从图 4.19(b)中可以发现，纯铜、纯铝和铜铝复合板的断裂伸长率均随应变速率的增加而增加。其中，铜铝

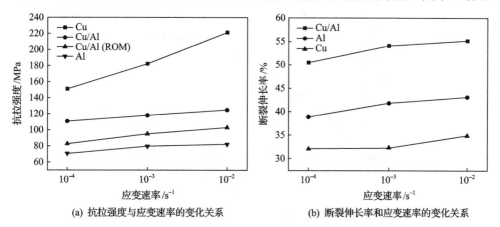

(a) 抗拉强度与应变速率的变化关系   (b) 断裂伸长率和应变速率的变化关系

图 4.19 纯铜、纯铝、铜铝复合板的抗拉强度与断裂伸长率和应变速率的变化关系

复合板的断裂伸长率始终高于纯铜和纯铝。组元金属的力学性能随应变速率增加而升高是铜铝复合板力学性能随应变速率增加而升高的重要原因。

　　铜铝复合板具有高断裂伸长率的另一个原因是在拉伸颈缩阶段，铜层能有效抑制铝层的颈缩断裂行为。由图 4.20(a) 可以看出纯铜在均匀变形达到最大应力值后，迅速失稳断裂，韧性较差。而纯铝板在均匀变形达到最大应力后，会继续发生较大程度的颈缩变形，韧性较好。在铜铝复合板拉伸变形过程中，当应变量达到纯铜板的断裂应变时，受到强界面约束作用，铜层被迫与铝层继续共同变形。随着拉伸的持续进行，铜层-铝层同时颈缩，但铜层的韧性较差，颈缩扩散能力较弱，将显著抑制铝层的颈缩变形，同时铝层也会促进铜层的颈缩变形。

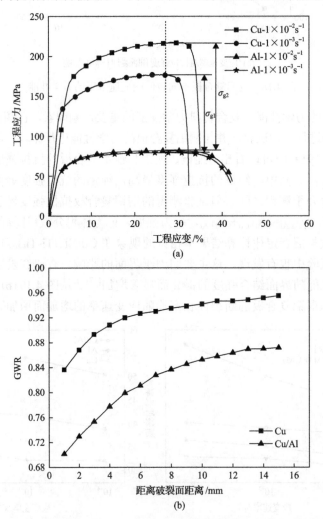

图 4.20　纯铜和纯铝在不同拉伸应变速率下的应力-应变曲线及
纯铜板和铜铝复合板在 $1 \times 10^{-3} s^{-1}$ 下的标准宽度收缩率 (GWR) 曲线

　　定义拉伸试样断裂后的宽度与拉伸前标准宽度的比值为标准宽度收缩率（GWR，GWR=$W_断$/$W_标$），纯铜板和铜铝复合板中的铜板拉伸断裂后距离断口不同位置的标准宽度收缩率如图 4.20（b）所示。GWR 值越小，GWR 曲线越平缓，说明材料颈缩扩散能力越强，均匀变形能力越好，塑性越好。相反，GWR 越大，GWR 曲线斜率越大，说明试样材料在拉伸过程中易出现失稳颈缩，迅速断裂，因而塑性较差。由图 4.20（b）可以看出铜层的颈缩扩散能力在铜铝复合板的拉伸过程中显著增强。进一步证明了铜层、铝层在拉伸过程中相互协调，铜层对铝层的颈缩扩散有抑制作用，铝层对铜层的颈缩扩散有促进作用。但是在铜铝复合板颈缩变形后期，界面发生开裂后铜层首先断裂，铝层继续单独颈缩变形，最终铜铝复合板中铝层的颈缩变形行为与纯铝板的断裂变形几乎一致。

　　纯铜和纯铝在同样应变速率的应力-应变曲线如图 4.20（a）所示。从图中可以看出，随着应变速率从 $1 \times 10^{-3} s^{-1}$ 增大至 $1 \times 10^{-2} s^{-1}$，铜层的流动应力大幅增加，抗拉强度由 182.3MPa 增至 221.4MPa，增幅达 21.4%；而铝层的流动应力提高并不明显，抗拉强度由 79.6MPa 增至 82.2MPa，增幅仅有 3.3%。在铜铝复合板拉伸过程中，铜层和铝层同步变形，但两者的强度之差随着应变速率的增加而扩大。同时，铜铝复合板的实测抗拉强度与理论计算值之差也在随着应变速率的增加而发生变化，如图 4.20（b）所示。因为复合板的理论强度仅仅是对纯铜、纯铝强度的加权平均，所以复合板的实测强度与理论值之差可以认为是层状结构的引入而引起的材料强度增加。将铜铝复合板的实测抗拉强度与理论计算值之差和理论计算值的比值定义为复合材料结构对强度的贡献率 CRSS（CRSS=$(\sigma_{Cu/Al}-\sigma_{ROM})/\sigma_{ROM} \times$ 100%，其中，$\sigma_{Cu/Al}$ 为铜铝复合板的实测抗拉强度；σ_{ROM} 为铜铝复合板的理论抗拉强度），CRSS 值越大，即结构对材料强度的贡献率越大。通过分析铜铝强度之差和 CRSS 值随应变速率的变化（图 4.21）发现，CRSS 值随铜铝强度之差的减小而逐渐增大。CRSS 的存在是层状复合材料的组元之间在变形过程中相互协同的结果。那么，由试验结果可知，铜层和铝层之间的强度差越小，其协同强化效果越明显。

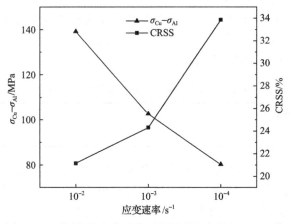

图 4.21　不同拉伸应变速率下铜铝强度之差和 CRSS 值

4.3.2 复合板显微硬度分析

图 4.22 为 8mm 厚铸轧态铜铝复合板基体及界面区显微硬度变化曲线，由图能够发现，从 Al 侧到 Cu 侧硬度先升高后降低，界面与基体相比硬度较高。结合前面 SEM、TEM 分析可知，主要是因为界面有少量的金属间化合物 $CuAl_2$ 生成，$CuAl_2$ 为硬脆相，会增加界面的硬度。同时，接近界面处的硬度要高于基体，这是因为在界面附近形成了铜、铝固溶区，固溶区存在也会增加材料的硬度。

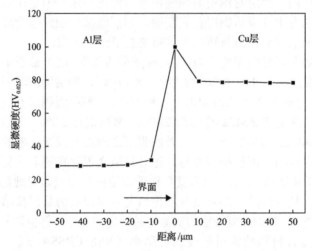

图 4.22　铜铝复合界面区的显微硬度

4.3.3 复合板界面剥离强度分析

结合强度是最直接反映复合材料界面结合好坏的性能参数，表 4.5 列出了不同厚度铸轧态复合板的界面剥离强度。从表中可以看出，铸轧法制备的铜铝复合板剥离强度达到 50N/mm 以上，相关文献表明采用固固复合法和其他固液复合法制备的铜铝复合板，其结合强度为 12～26N/mm，可以发现铸轧复合法可以制备出结合强度更优异的铜铝复合板。

表 4.5　不同厚度铜铝复合板界面剥离强度

复合板厚度/mm	8	9	10
剥离强度/(N/mm)	50	66	83

相关文献中提到，复合板界面生成金属间化合物会降低复合板的结合强度；又指出界面层不能太厚，否则材料的使用性能也会受到影响。因此可知，界面结合强度既与界面层厚度有关又与界面金属间化合物有关，虽然铸轧法制备铜铝复合材料有金属间化合物 Al_2Cu 生成，但是其厚度仅有纳米级，且与 Al 界面形成紧

密结合的半共格结构，反而有利于增加界面结合强度。这也是用铸轧法生产的铜铝复合板界面结合性能优于其他方法的原因。

4.3.4 复合板导电性能分析

在通电条件下，电流通过铜铝复合板会产生热作用导致复合板温度上升，实际使用过程中，温度上升幅度过大会缩短复合板的使用寿命。通过对复合板通电来模拟复合板的服役过程，以此来确定复合板服役过程中的温升值，给实际使用过程提供参考。

在室温 25℃时，单层铝板和单层铜板的载流量计算公式分别如式(4.5)和式(4.6)所示。

$$I_d = h(b + 8.5) \tag{4.5}$$

$$I_d = h(b + 8.5) / 0.85 \tag{4.6}$$

式中，I_d 为单层铜板或铝板的载流量(A)；h 为单层铜板或铝板的截面宽度(mm)；b 为单层铜板或铝板的截面厚度(mm)。

试验所用的铜铝复合板厚度为 8mm，其中铜层厚度为 1mm，铝层厚度为 7mm，复合板的截面宽度为 10mm，由式(4.5)和式(4.6)计算可得，7mm 铝板的载流量为 155A，1mm 铜板的载流量为 111.8A，按照复合板铜层和铝层的厚度比例计算可得，铜铝复合板的载流量约为 150A，据此选取试验测试所用的通电电流分别为 30A、60A、90A 和 120A。

图 4.23 为 8mm 厚的铜板、铝板和铜铝复合板在不同通电电流作用下的导电温升与通电时间的关系曲线。由图可以看到，在不同的通电电流下，铜板、铝板和铜铝复合板的导电温升随通电时间的变化规律相同。在初始通电阶段，铜板、铝板和铜铝复合板的温升速率都较大，随着通电时间的延长，升温速率逐渐下降，直至为零；随着通电电流的增大，铜板、铝板和铜铝复合板的温升程度变大。由图 4.23(a)可知，当通电电流为 30A 时，铝板的升温幅度为 0.3℃，铜铝复合板在通电 25min 后开始升温，升温幅度为 0.1℃，而铜板直到通电 50min 也没有升温，这是因为 30A 的通电电流太小，能够引起的温升程度有限，而纯铜板的导热性能又非常好，因此几乎没有升温；当通电电流为 60A 和 90A 时，铜板、铝板和铜铝复合板都有了较明显的温升，如图 4.23(b)和(c)所示；当通电电流为 120A 时，铜板和铝板的导电温升在通电 30min 时达到最大值，分别为 8.4℃和 10.5℃，铜铝复合板的导电温升在通电 25min 时达到最大值 8.6℃。

综上所述，铜铝复合板的温升性能介于铜板和铝板之间，且与纯铜板的导电温升性能更为接近。这说明在实际应用中，铜铝复合板可以代替相同厚度的纯铜板使用。

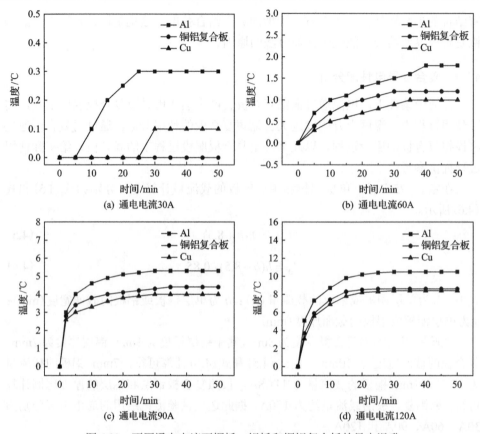

图 4.23　不同通电电流下铜板、铝板和铜铝复合板的导电温升

参 考 文 献

[1] Eizadjou M, Talachi A K, Manesh H D, et al. Investigation of structure and mechanical properties of multi-layered Al/Cu composite produced by accumulative roll bonding (ARB) process[J]. Composites Science and Technology, 2008, 68 (9): 2003-2009.

[2] Abbasi M, Taheri A K, Salehi M T. Growth rate of intermetallic compounds in Al/Cu bimetal produced by cold roll welding process[J]. Journal of Alloys and Compounds, 2001, 319 (1/2): 233-241.

[3] 郭祖军. 新型 Al/Cu 接头材料的固相复合工艺研究[D]. 长沙: 中南工业大学, 1995: 8-41.

[4] 沈黎. 铝-铜、钢-铝层状金属复合材料的界面反应[D]. 昆明: 昆明理工大学, 2002: 12-35.

[5] Li X B, Yang Y, Xu Y S, et al. Deformation behavior and crack propagation on interface of Al/Cu laminated composites in uniaxial tensile test[J]. Rare Metals, 2018, (5): 1-8.

[6] Guo Y J, Qiao G J, Jian W Z, et al. Microstructure and tensile behavior of Cu-Al multi-layered composites prepared by plasma activated sintering[J]. Materials Science & Engineering: A, 2010, 527 (20): 5234-5240.

[7] Kim I K, Hong S I, et al. Roll-bonded tri-layered Mg/Al/stainless steel clad composites and their deformation and fracture behavior[J]. Metallurgical and Materials Transactions A, 2013, 44 (8): 3890-3900.

[8] Huang M, Xu C, Fan G H, et al. Role of layered structure in ductility improvement of layered Ti-Al metal composite[J]. Acta Materialia, 2018, 153: 235-249.

[9] Liu B X, Huang L J, Geng L, et al. Microstructure and tensile behavior of novel laminated Ti-TiB$_w$/Ti composites by reaction hot pressing[J]. Materials Science & Engineering: A, 2013, 583: 182-187.

[10] Jiao L, Yang Y G, Li H, et al. Effects of plastic deformation on microstructure and superplasticity of the in-situ Al$_3$Ti/2024Al composites[J]. Materials Research Express, 2018, 5(5): 056515.

[11] Wu X L, Yang M X, Yuan F P, et al. Heterogeneous lamella structure unites ultrafine-grain strength with coarse-grain ductility[J]. Proceedings of the National Academy of Sciences of the United States of America, 2015, 112(47): 14501-14505.

[12] Fu Z R, Zhang Z, Meng L F, et al. Effect of strain rate on mechanical properties of Cu/Ni multilayered composites processed by electrodeposition[J]. Materials Science & Engineering: A, 2018, 726, 154-159.

[13] Wang Y F, Yang M X, Ma X L, et al. Improved back stress and synergetic strain hardening in coarse-grain/nanostructure laminates[J]. Materials Science & Engineering: A, 2018, 727: 113-118.

[14] Ma X, Huang C, Moering J, et al. Mechanical properties of copper/bronze laminates: Role of interfaces[J]. Acta Materialia, 2016, 116: 43-52.

[15] Tan H F, Zhang B, Luo XM, et al. Strain rate dependent tensile plasticity of ultrafine-grained Cu/Ni laminated composites[J]. Materials Science & Engineering: A, 2014, 609: 318-322.

[16] Li X B, Zu G Y, Wang P. Effect of strain rate on tensile performance of Al/Cu/Al laminated composites produced by asymmetrical roll bonding[J]. Materials Science & Engineering: A, 2013, 575(13): 61-64.

[17] Nambu S, Michiuchi M, Inoue J, et al. Effect of interfacial bonding strength on tensile ductility of multilayered steel composites[J]. Composites Science and Technology, 2009, 69(11): 1936-1941.

第5章　退火过程中铜铝复合板界面演变及生长规律

退火是金属层状复合材料制备和加工过程中一种重要的处理工艺。在冷轧复合和爆炸复合过程中，退火处理都作为重要的工序用于增强复合板的力学性能。复合板经过退火，一方面可以消除基体金属材料在加工过程中产生的硬化，使复合板的组织得到改善，从而有利于后续加工和使用；另一方面，通过退火过程的热作用，复合板界面的结构和结合方式也将发生改变，从而影响复合板的结合性能。研究表明，退火处理可以有效消除复合板界面的缺陷，改善界面结构和结合性能；但也能导致铜铝界面层增厚和多种化合物生成，对复合板性能产生不利影响。研究铜铝复合板退火过程界面层结构的演变规律，对复合板力学性能的研究及退火工艺的制定都具有重要意义。

本章首先对铜铝铸轧复合板进行不同温度和不同时间的退火处理，并对轧制处理的复合板进行不同温度下的轧后退火处理，研究复合板界面结构的演变规律，对退火增强态的界面和相界结构、物相分布进行 TEM 分析，基于扩散动力学建立退火过程铜铝复合板界面金属间化合物的生长模型。

5.1　退火过程铜铝复合板界面演变

根据工业纯铝(1060)和纯铜(T2)的热处理工艺，制定复合板退火温度为 $250\sim450℃$，并结合中试化生产中产品的卷材特点和退火方式，制定退火时间为 $0.5\sim4h$。试验的试样取自铸轧态铜铝复合板的中间部位，退火过程在电阻炉中进行。

铜铝二元体系的界面扩散形成的界面层的过程是典型的二元反应扩散过程，扩散相变生成新相多为铜铝相图的中间相，中间相化合物到金属基体有固溶体作为过渡。根据化学位和扩散的规律，中间相之间以及中间相和固溶体间不存在两相区[1]，因此铜铝界面处能形成多种成分均匀的金属间化合物层。由铜铝二元平衡相图(图 1.1)可知，铜铝双金属体系在热作用下，通过扩散作用能生成五种稳定的铜铝金属间化合物，这些化合物相分别是 ν 相(Al_2Cu)、η_2 相($AlCu$)、ζ_2 相(Al_3Cu_4)、δ 相(Al_2Cu_3)和 γ_1 相(Al_4Cu_9)。研究表明，这些化合物中最容易生成的为 Al_2Cu 相，随后依次为 Al_4Cu_9 相和 AlCu 相，对于另外两种金属间化合物相，采用不同的制备方法和退火工艺，其在界面处的分布和生长规律有所不同[2]。

5.1.1　退火温度对界面层结构的影响

图 5.1 是退火时间为 1h，采用不同退火温度下，铜铝复合板退火后界面的背散射电子图像。

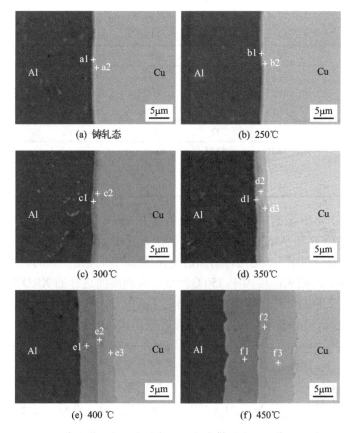

(a) 铸轧态　　　　　　　　　　(b) 250℃

(c) 300℃　　　　　　　　　　(d) 350℃

(e) 400℃　　　　　　　　　　(f) 450℃

图 5.1　不同退火工艺下铜铝复合板界面的背散射电子图像(退火时间：1h)

铸轧态铜铝复合板的界面经过铸轧过程的热作用后，已经形成了由 Al_2Cu 相和 Al_4Cu 相构成的界面层，如图 5.1(a)所示。随着退火温度的升高，总界面层厚度出现迅速增大的趋势。但在低温退火(温度小于 300℃)下，厚度的增长缓慢。当退火温度升高到 350℃ 时，通过背散射电子图像衬度可清晰观察到界面层间出现第三层连续状结构，三种化合物层的厚度随温度都出现迅速增大的现象。金属间化合物层与铜铝基体的界面清晰并呈现犬牙交错状，这种形貌特点在较厚的界面层上更为突出(图 5.1(f))。这种形貌是由于金属间化合物层与铜铝基体间的晶体结构结合方式不同，因此生长速度存在差异性。为了研究各个化合物层的相结构，采用能量色散 X 射线谱(X-ray energy dispersive spectrum, EDS)对各个特征区域进行了化学成分点扫描分析，其结果见表 5.1。

表 5.1 图 5.1 中 EDS 测试结果 （单位：%（原子分数））

物相	a1	a2	b1	b2	c1	c2
Cu	27.55	64.41	27.99	62.31	29.53	68.22
Al	72.45	35.59	72.01	37.69	70.47	31.78
可能的相	Al$_2$Cu	Al$_4$Cu$_9$	Al$_2$Cu	Al$_4$Cu$_9$	Al$_2$Cu	Al$_4$Cu$_9$

物相	d1	d2	d3	e1	e2	e3
Cu	30.43	42.22	61.25	29.95	45.23	65.54
Al	69.57	57.78	38.75	70.05	54.77	34.46
可能的相	Al$_2$Cu	AlCu	Al$_4$Cu$_9$	Al$_2$Cu	AlCu	Al$_4$Cu$_9$

物相	f1	f2	f3
Cu	32.10	42.05	68.76
Al	67.90	57.95	31.24
可能的相	Al$_2$Cu	AlCu	Al$_4$Cu$_9$

通过表 5.1 可以看出，铸轧态及退火温度为 300℃以内的界面化合物，分析可能相主要为 Al$_2$Cu 和 Al$_4$Cu$_9$。当温度大于等于 350℃时，出现的第三种相可能是 AlCu 相，这与先前铜铝二元化合物相的变化规律的研究是一致的。为了进一步对物相进行判定，对退火温度大于 350℃的复合板剥离面进行的 XRD 分析，结果如图 5.2 所示。从图中可知，铜铝两侧均出现了 Al$_2$Cu、Al$_4$Cu$_9$ 和 AlCu 三种金属间化合物的特征峰，这验证了中间金属间化合物层为 AlCu 相。

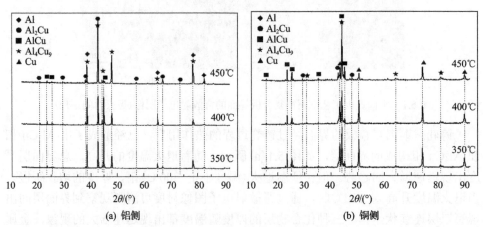

图 5.2 不同退火温度下铜铝复合板剥离面的 XRD 能谱结果（退火时间：1h）

采用 Digital Micrograph 软件对退火过程中界面总金属间化合物层和三种金属间化合物层的厚度进行测量并统计，研究不同退火温度下金属间化合物层厚度的变化规律。图 5.3 为铜铝复合板界面总金属间化合物层厚度及各金属间化合物层厚度随退火温度的变化曲线。可以看到，总金属间化合物层、Al_2Cu 和 Al_4Cu_9 的厚度均随退火温度呈先缓慢增长而后急剧增长的趋势，而 AlCu 相的厚度变化较为缓慢。随着温度升高，铜铝基体的空位数量增多，更有助于原子间的扩散，同时高温下热力起伏作用更明显，铜铝原子的跃迁频率增快，导致扩散系数增大。

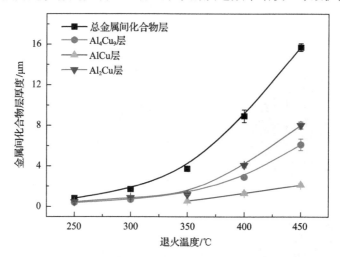

图 5.3　总金属间化合物和各金属间化合物层厚度随退火温度的变化曲线

5.1.2　退火时间对界面层结构的影响

大多数研究表明，界面层厚度对复合板的结合强度产生重要的影响，高温退火容易导致界面金属间化合物层过厚，从而出现退火后复合板结合强度急剧降低的现象[3-5]。因此，对铜铝复合板进行退火时，应避免高温退火。

选取低温 300℃退火条件，对退火时间的影响进行考察。图 5.4 所示的为不同退火时间下铜铝复合板界面的背散射电子显微图像。由图可以看出，从铸轧态到退火时间 2h 这一范围内，界面金属间化合物层的厚度增长很快，当时间大于 2h 以后，界面层的厚度增长趋势变缓。当退火时间为 2h 时，界面层出现了第三层结构，根据这层结构出现的位置和生长的规律，结合 5.1.1 节的研究结果判断，第三层结构应该是 AlCu 相。

采用 Digital Micrograph 软件对退火过程中界面总金属间化合物层和三种金属间化合物层的厚度进行测量并统计，研究不同退火时间下金属间化合物层厚度的变化规律。图 5.5 为铜铝复合板界面层厚度及各化合物层厚度随退火时间的变化曲线。可以看到，总金属间化合物层、Al_2Cu 层和 Al_4Cu_9 层的厚度均随退火温度呈先急剧增长后缓慢增长并趋于稳定，这种变化具有抛物线规律，意味着在退火过程铜铝复合板界面金属间化合物层的生长主要受扩散控制并可用扩散理论进行解释，当退火温度保持一定时，金属间化合物层的生长需要界面层金属原子在

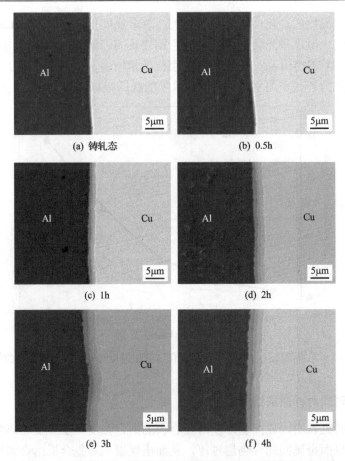

图 5.4　不同退火时间下铜铝复合板界面的背散射电子微观图像(退火温度：300℃)

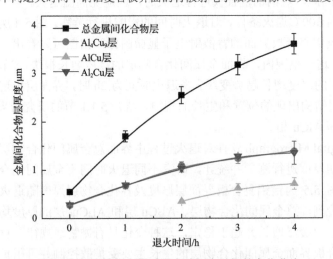

图 5.5　金属间化合物层厚度随退火时间的变化曲线

溶质化学位梯度的作用下不断发生扩散。以 Al_2Cu 层为例，其生长过程中的铝原子由靠近铝的固溶体(Al)实现供给，同时铝原子在溶质化学位梯度的作用下不断向 Al_2Cu 层方向扩散补充。对于铜原子，由于与铜侧存在 Al_4Cu_9 层相隔，铜原子的供给有两种方式，一种是由 Al_4Cu_9 层提供，另一种是由铜基体原子在化学位梯度的作用下通过 Al_4Cu_9 层的晶界进行传递。原子沿着金属表面、晶界或位错线迁移速度较快，称为短路扩散。多数研究者认为铜原子的供给由第二种方式供给，随着退火时间的延长，Al_4Cu_9 层的厚度增大从而增加了第二种供给方式的阻力，因此 Al_2Cu 层的生长受限，速度降低，Al_4Cu_9 和 AlCu 层的增长也具有相似的规律。在 4h 的退火时间下，新生成 AlCu 相的厚度控制在 0.24μm 内，总金属间化合物层的厚度也控制在 4μm 内。由此可见，采用低温退火可以有效控制总金属间化合物层厚度的增加，并且能对 AlCu 相的生长进行有效限制。

5.2　退火过程界面层的生长规律

通过 5.1 节的分析，退火温度和退火时间都对铜铝复合板界面层生长起到重要作用。但在不同温度下，各种金属间化合物层的生长存在显著差异，为了进一步研究铜铝复合板在退火过程中界面各金属间化合物层的生长规律，实现退火工艺与界面结构的有机结合，本节通过对铸轧态复合板进行系统的退火处理(退火时间：1～6h；退火温度：250～450℃)，采用 Digital Micrograph 软件对界面三种金属间化合物层进行统计测量，利用扩散动力学对各金属间化合物层的生长规律进行分析研究，建立退火过程中界面金属间化合物层的生长动力学方程。

图 5.6 是不同退火条件下 Al_2Cu 层、AlCu 层和 Al_4Cu_9 层的厚度试验测量值。

铜铝双金属界面在热作用下发生的相变属于一种固态相变，是热作用下铜铝原子相互扩散反应的结果，相变的生长过程应符合经验公式：

$$y = kt^n \tag{5.1}$$

式中，y 为相变层厚度(m)；k 为生长速率常数($m/s^{1/2}$)；t 为扩散反应时间(s)；n 为时间指数。

时间指数的选择主要由化合物生长过程的控制因素来决定。如果化合物的生长过程主要受反应控制，那么 n 为 1，其厚度与时间表现为线性关系；如果化合物的生长受扩散控制，那么 n 为 0.5，其厚度与时间表现为抛物线关系。由图 5.6 可以明显发现，在同一种退火温度下，三种金属间化合物层与时间均表现为抛物线关系。结合多数关于铜铝金属间化合物层化合物生长规律的研究，本节取 n 为 0.5。

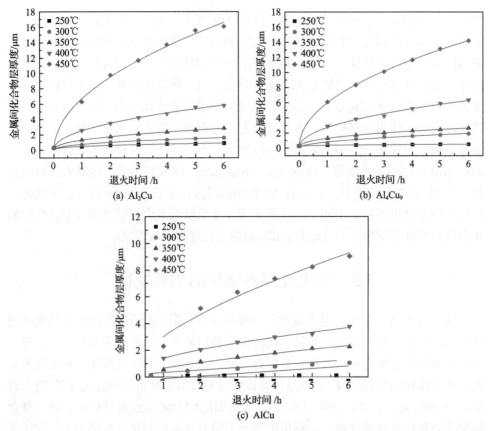

图 5.6　不同退火条件下金属间化合物层厚度

考虑到 Al_2Cu 层和 Al_4Cu_9 层在退火前已经具有一定的厚度,将式(5.1)转变为

$$y = kt^{1/2} + y_0 \tag{5.2}$$

式中,y_0 为化合物的初始厚度,对式(5.2)进行处理得到

$$(y - y_0)^2 = k^2 t \tag{5.3}$$

根据图 5.6 和式(5.3),即可求得 Al_2Cu 层和 Al_4Cu_9 层在不同温度下 k 的值,见表 5.2。

由于 AlCu 相在退火过程为新析出相,虽然其生长过程也受扩散控制,但在计算中应考虑形核时间 t_0,因此针对 AlCu 层,式(5.1)转变为

$$y = k(t - t_0)^{1/2} \tag{5.4}$$

式中,t_0 与过程的相析出激活能成正比,与温度成反比,其经验计算公式为

$$t_0 = A \exp\left(\frac{E}{RT}\right) \tag{5.5}$$

式中，A 为反应析出常数；E 为相析出激活能 (J/mol)；R 为气体常数 $(8.314J/(mol \cdot K))$；T 为热力学温度，K。

表 5.2　Al_2Cu 层和 Al_4Cu_9 层的生长速率常数

温度/℃	$k/(m/s^{1/2})$	
	Al_2Cu	Al_4Cu_9
250	4.2×10^{-9}	1.5×10^{-9}
300	9.0×10^{-9}	1.1×10^{-8}
350	1.7×10^{-8}	1.7×10^{-8}
400	3.8×10^{-9}	4.2×10^{-8}
450	1.1×10^{-7}	9.5×10^{-8}

将式 (5.4) 两端分别取平方即可得到 y^2 和 t 在某一温度下的关系式：

$$y^2 = k^2 t - k^2 t_0 \tag{5.6}$$

结合 AlCu 层退火过程中温度与厚度的关系 (图 5.6)，求得式 (5.6) 中的纵坐标斜率 k^2 和截距 $-k^2 t_0$，即可得到同一温度下的 t_0 和 k，其结果见表 5.3。

表 5.3　AlCu 层的生长速率常数和形核时间

温度/℃	$k/(m/s^{1/2})$	t_0/s
250	1.7×10^{-9}	23504
300	8.21×10^{-9}	5290
350	1.63×10^{-8}	2543
400	2.58×10^{-8}	1024
450	6.2×10^{-8}	351

对式 (5.5) 两端分别取对数得到

$$\ln t_0 = \ln A + \frac{E}{RT} \tag{5.7}$$

根据表 5.3 中温度 T 和形核时间 t_0 的关系，结合式 (5.5) 即可求得对应 AlCu 层的 E 和 A 值。求得的 E 值为 64638.811J/mol，A 值为 8.7278×10^{-3}，代入式 (5.5)，即得到 AlCu 层的形核时间公式为

$$t_0 = 8.73 \times 10^{-3} \exp\left(\frac{7774.7}{T}\right) \tag{5.8}$$

生长速度常数 k 与温度 T 的关系满足 Arrhenius 经验公式

$$k^2 = k_0^2 \exp\left(-\frac{Q}{RT}\right) \tag{5.9}$$

式中，k_0 为频率因子(frequency factor)；Q 为扩散激活能(J/mol)；R 为理想气体常数(8.314J/(mol·K))；T 为热力学温度(K)。

将式(5.9)的两侧都同时取对数，可得到下列公式：

$$\ln k^2 = \ln k_0^2 - \frac{Q}{RT} \tag{5.10}$$

根据表 5.2 和表 5.3 中各退火温度对应的 k 值，求出 $\ln k^2$，就可根据式(5.10)求出 k_0 和 Q 值，其结果见表 5.4。

表 5.4　退火过程中 Al$_2$Cu 层、AlCu 层和 Al$_4$Cu$_9$ 层和总金属间化合物层的扩散激活能

金属间化合物层种类	Al$_2$Cu 层	AlCu 层	Al$_4$Cu$_9$ 层
扩散激活能 Q/(J/mol)	99038.4	116963.5	122597.6

将式(5.2)、式(5.3)和式(5.9)联立可得到三种金属间化合物层厚度与退火时间和退火温度的关系式。

对于 Al$_2$Cu 和 Al$_4$Cu$_9$ 层，有

$$(y - y_0)^2 = k_0^2 \exp\left(-\frac{Q}{RT}\right) t \tag{5.11}$$

对于 AlCu 层，有

$$y^2 = k_0^2 \exp\left(-\frac{Q}{RT}\right)(t - t_0) \tag{5.12}$$

式中，t_0 如式(5.8)所示。

将 k_0^2 和 Q 值代入式(5.11)和式(5.12)中即可得到铸轧态铜铝复合板在退火过程中三种金属间化合物层和总金属间化合物层的扩散动力学方程。

(1)Al$_2$Cu 层：

$$y_{\mathrm{Al_2Cu}} = \sqrt{9.72 \times 10^{-8} \exp\left(-\frac{11911.51}{T}\right) t + 0.28 \times 10^{-6}} \tag{5.13}$$

(2) Al_4Cu_9 层:

$$y_{Al_4Cu_9} = \sqrt{6.81\times10^{-6}\exp\left(-\frac{14745.02}{T}\right)t + 0.27\times10^{-6}} \tag{5.14}$$

(3) AlCu 层:

$$y_{AlCu} = \sqrt{1.18\times10^{-6}\exp\left(-\frac{14067.34}{T}\right)\left(t - 8.73\times10^{-3}\exp\left(\frac{7774.7}{T}\right)\right)} \tag{5.15}$$

(4) 总金属间化合物层, 为三层厚度的总和:

$$
\begin{aligned}
y_{Total} = &\sqrt{9.72\times10^{-8}\exp\left(-\frac{11911.51}{T}\right)t + 0.28\times10^{-6}} \\
&+ \sqrt{6.81\times10^{-6}\exp\left(-\frac{14745.02}{T}\right)t + 0.27\times10^{-6}} \\
&+ \sqrt{1.18\times10^{-6}\exp\left(-\frac{14067.34}{T}\right)\left(t - 8.73\times10^{-3}\exp\left(\frac{7774.7}{T}\right)\right)}
\end{aligned} \tag{5.16}
$$

总金属间化合物层的生长动力学方程与实际测量值进行对比结果见表 5.5, 计算值和实际值的平均误差控制在 9%以内, 表明式(5.16)准确反映了界面金属间化合物层的生长行为。利用式(5.16), 可以对退火工艺下复合板界面金属间化合物层的种类和厚度进行预测。

表 5.5　金属间化合物层总厚度计算值和测量值的误差分析

时间 /h	250℃			350℃			450℃		
	实际值 /μm	计算值 /μm	误差 /%	实际值 /μm	计算值 /μm	误差 /%	实际值 /μm	计算值 /μm	误差 /%
1	0.82	0.89	7.87	3.53	3.75	5.8	15.72	15.69	0.19
2	1.03	1.06	2.83	4.87	5.24	7.06	23.10	21.71	6.40
3	1.14	1.11	2.70	5.78	6.32	8.54	28.22	26.34	7.13
4	1.23	1.21	1.65	6.73	7.22	6.79	32.53	30.15	7.89

5.3　退火过程复合板的力学性能

5.3.1　退火过程对复合板剥离性能的影响

图 5.7(a)所示的是退火温度对复合板剥离性能的影响。从图中可知, 随着退

火温度的增加，剥离强度出现了一定程度的提高，当退火温度达到 300℃时，剥离强度高达 75.25N/mm，相对于铸轧态提高了 13.9%，称此状态为退火强化态。随着退火温度继续提高，剥离强度出现快速降低，退火温度高于 400℃时，剥离强度降低到24.24N/mm。对于退火时间的影响，如图 5.7(b)所示，退火时间为 1h 时，剥离强度最高，继续延长退火时间，剥离强度出现缓慢降低的现象。

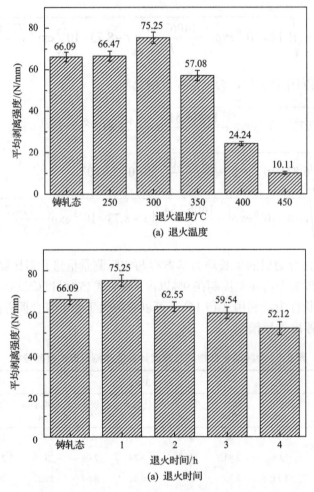

图 5.7 退火温度和退火时间对复合板平均剥离强度的影响

退火温度和退火时间对剥离强度的影响规律大体一致，在一定的退火条件下，平均剥离强度出现了强化现象，但随着温度和时间的提高，都出现降低的趋势；在低温下，平均剥离强度下降的趋势较为缓和，这与退火温度和退火时间对界面层厚度的影响规律一致。

5.3.2　退火过程对复合板拉伸性能的影响

图 5.8 为退火温度对铜铝复合板室温拉伸性能的影响。可以看出，随着退火温度升高，复合板抗拉强度逐渐降低、延伸率逐渐升高。

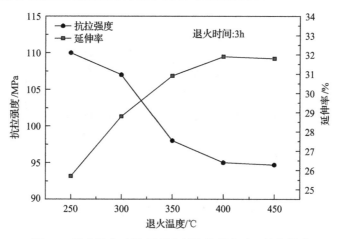

图 5.8　退火温度对铜/铝复合板抗拉强度及延伸率影响

250℃时抗拉强度达到最大为 110MPa，当温度升至 450℃时，抗拉强度为 95MPa；延伸率在 400℃达到最大，为 31%。由于高温退火，复合板内部残余应力和加工硬化得到释放，同时，温度升高基体发生再结晶，晶粒长大，复合板抗拉强度降低，延伸率升高。400℃以后抗拉强度和延伸率都变化不大，因为基体加工硬化已基本消除，只有局部晶粒长大[6]，继续升温复合板抗拉强度变化不大，略有降低。因此，综合考虑复合板拉伸性能，300℃时性能达到最佳。

5.3.3　退火过程对复合板显微硬度的影响

图 5.9 为不同退火温度下铜铝复合板基体以及界面区显微硬度变化曲线，由于 250℃时界面处金属间化合物较少，主要以铜固溶体为主，界面硬度与铜基体相近。

同时，温度较低时没有起到退火软化作用，基体加工硬化明显，铜基体硬度随温度升高逐渐降低；随着温度升高，界面处硬度有不断升高趋势，而且同一温度下界面附近的硬度($-10\sim10\mu m$)，铜侧硬度始终要高于铝侧，因为金属间化合物硬度 $CuAl>Cu_9Al_4>CuAl_2$[7]；400℃时硬度达到最大，但 450℃硬度却降低，因为 450℃时高温软化作用明显，界面处硬度下降。铜铝复合板界面处显微硬度在温度低于 400℃时主要是金属间化合物起主导作用，当温度高于 400℃，高温软化作用起主导作用，因此，界面显微硬度受金属间化合物和基体软化共同作用[8]。

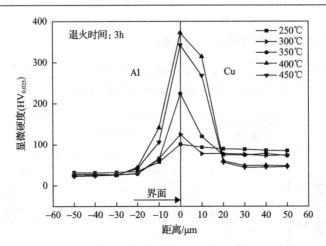

图 5.9　不同退火温度下铜铝复合界面区的显微硬度

5.4　退火过程的强化机制

在退火过程中，铜铝复合板的剥离强度和变化规律除了在退火温度 300℃、退火时间 1h 出现增强外，其与界面层厚度的变化规律趋于一致。因此，针对复合板剥离面、界面和结合性能的分析，只研究退火温度对复合板剥离形貌的影响。图 5.10 为不同退火温度下复合板铜铝剥离面的微观形貌。由图可知，退火温度为300℃时，铜铝两侧剥离面与铸轧态的类似，依然以铝和金属间化合物层断裂为主，并且铝的占比有所增加，因此提高了退火增强态铜铝复合板的剥离强度。由退火阶段界面的变化规律可知，300℃退火下，界面层厚度保持在 1.5μm，界面层相依然为 Al_2Cu 和 Al_4Cu_9，其相界间的结合情况良好，这些结构特征保证了裂纹在扩展时更倾向于铝基体。当退火温度提高到 350℃时，铜铝复合板界面层出现了 AlCu 新相层。有研究表明，AlCu 相的产生会严重削弱界面层的结合力[9]，并且随着界面层厚度的增加，在界面层形成的裂纹更难扩展到铝基体，造成大部分裂纹都在金属间化合物层间断裂，从而造成复合板剥离强度的迅速降低。进一步提高退火温度，各种金属间化合物层均出现迅速的增厚，裂纹完全限制在金属间化合物层间扩展，出现了大面积的解理断裂，造成剥离强度急剧降低，使复合板完全失效。

从以上分析可得，在退火过程中，复合板的断裂模式从铝基体断裂和金属间化合物层间断裂的混合模式逐渐转变金属间化合物层间断裂。在低温退火条件下，复合板的界面缺陷得到修复，同时其厚度和组织得到有效控制，因此具有与铸轧态相同的断裂模式，在一定程度上提高剥离强度。低温退火下，铜铝复合板结合强度的增强主要依靠铝基体结合力和金属间化合物层间结合力。

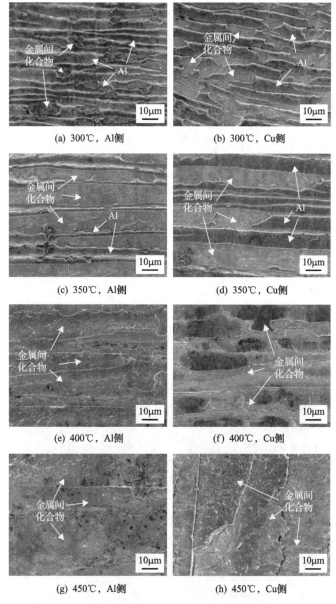

图 5.10　不同退火温度下铜铝复合板的剥离形貌(背散射)

通过对不同种类金属间化合物断裂形貌观察分析可知，在金属间化合物层化合物主要有 Al_2Cu 和 Al_4Cu_9 时，断裂模式以晶界断裂为主(图 5.11(a)和(b))，金属间化合物层间结合力较强。在高温退火下，复合板界面层厚度急剧增加，AlCu新相产生并增厚，金属间化合物晶粒层数也随着增多[10]，裂纹难以在金属间化合物层中扩展出去到达铝基体(图 5.12)，复合板断裂模式表现为完全的金属间化合物层间断裂，此时断裂表现为大面积的解理断裂模式(图 5.11(c)和(d))，这种金属间化合物层间结合力很弱。图 5.13 是这三种主要结合力和总结合力在轧制过程中的变化趋势。

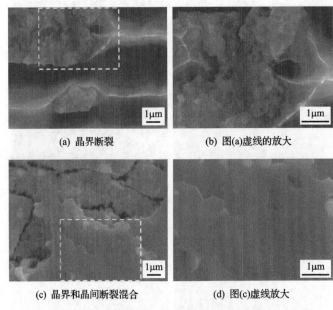

(a) 晶界断裂 　　　　(b) 图(a)虚线的放大

(c) 晶界和晶间断裂混合　　(d) 图(c)虚线放大

图 5.11　金属间化合物层的两种断裂形貌

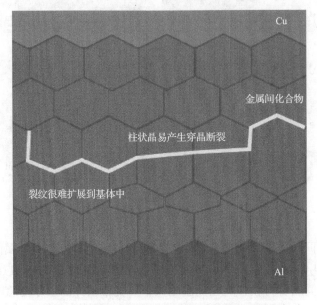

图 5.12　高温退火后复合板界面裂纹扩展示意图

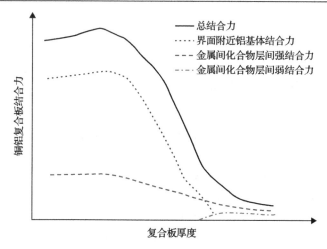

图 5.13　三种主要结合力和总结合力在铜铝复合板退火过程中的变化趋势

参 考 文 献

[1] 孙振岩, 刘春明. 合金中的扩散与相变[M]. 沈阳: 东北大学出版社, 2002: 20-35.

[2] Yang L, Mi B X, Lv L, et al. Formation sequence of interface intermetallic phases of cold rolling Cu/Al clad metal sheet in annealing process[J]. Materials Science Forum, 2013, 749: 600-605.

[3] Lee W B, Bang K S, Jung S B. Effects of intermetallic compound on the electrical and mechanical properties of friction welded Cu/Al bimetallic joints during annealing[J]. Journal of Alloys and Compounds, 2005, 390: 212-220.

[4] Sheng L Y, Yang F, Xi T F, et al. Influence of heat treatment on interface of Cu/Al bimetal composite fabricated by cold rolling[J]. Composites Part B: Engineering, 2011, 42: 1468-1473.

[5] Heness G, Wuhrer R, Yeung W Y. Interfacial strength development of roll-bonded aluminium/copper metal laminates[J]. Materials Science & Engineering: A, 2008, 483-484: 740-742.

[6] Jiang H T, Yan X Q, Liu J X, et al. Effect of heat treatment on microstructure and mechanical property of Ti-steel explosive-rolling clad plate[J]. Transactions of Nonferrous Metals Society of China, 2014, 24(3): 697-704.

[7] 陈国良, 林均品. 有序金属间化合物结构材料物理金属学基础[M]. 北京: 冶金工业出版社, 1999: 153-174.

[8] Li X B, Zu G Y, Wang P, et al. Effects of asymmetrical roll bonding on microstructure, chemical phases and property of copper/aluminum clad sheet[J]. Light Metals, 2012: 245-250.

[9] 张胜华, 郭祖军. 铝/铜轧制复合板的界面结合机制[J]. 中南工业大学学报, 1995, (4): 509-513.

[10] 黄宏军, 张泽伟, 王书生, 等. 铜铝薄板轧制复合工艺[J]. 沈阳工业大学学报, 2009, (5): 531-535.

第6章 铜铝复合板压缩变形行为研究

6.1 铜铝复合板热压缩宏观形貌分析

  铜铝复合材料试样热压缩后的典型横截面形貌如图 6.1 所示。从图中可以看出，变形主要集中在较软的铝层上，铝基体被较硬的铜层挤出。同时也发现，在竖直压缩方向的正应力作用下，铝基体不同区域的水平流动是不均匀的，呈现出上下不对称结构。在有冶金结合界面的铜铝复合材料压缩试样上，铝层底部的水平流动距离大于顶部的水平流动距离 ($X_b > X_t$)，这可以归因于铜层通过界面对铝层的牵制作用。

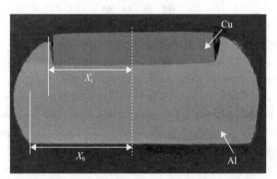

图 6.1 热压缩后的铜铝复合材料横截面形貌

  进一步对铝层的微观结构观察后发现，铝层不同区域的晶粒变形程度明显不对称。在界面区域铝基体宏观塑性变形程度相对较小，那么相对应的，晶粒变形程度也不明显，如图 6.2(a) 所示。而在铝基体宏观塑性变形程度相对较大的区域，晶粒变形程度比较明显，出现了垂直于压缩轴的纤维组织，如图 6.2(b) 所示。

  由于铝层不同区域晶粒的塑性变形程度不同，在相同的条件下经化学腐蚀后，各区域的衬度就有所不同。根据观察结果，作出示意图 6.3。由于铝层不同区域的相对变形和微观结构的差异，可以将铝层分为三个区域，并将变形程度相对较大的区域命名为易变形区，将变形程度相对较小的区域命名为难变形区。在有冶金结合界面的铜铝复合材料试样中，由于界面的牵制作用，难变形区相对较大，易变形区相对较小。虽然易变形区相对较小，但其存在使得铝层的变形依然在整个铜铝复合试样变形过程中起主导作用，特别是当铝层厚度过厚时，远离界面区域的铝基体就会失去约束，从而削弱铜铝复合材料的宏观协同变形性能。因此，在

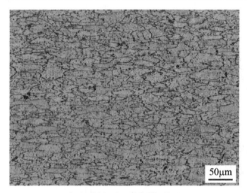 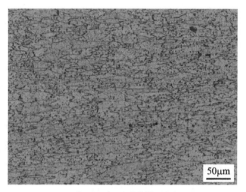

(a) 铝层在界面区域的微观组织　　　　　　　(b) 铝层心部区域的微观组织

图 6.2　铜铝复合材料在 450℃/0.01s⁻¹ 条件下热压缩后铝层的微观组织

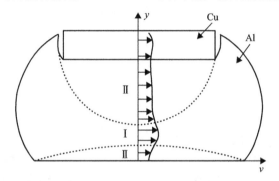

图 6.3　有冶金结合界面和无冶金结合界面的铜铝复合材料压缩变形行为示意图

Ⅰ 为易变形区，Ⅱ 为难变形区，v 为流动速度

铜铝复合材料尺寸一定的条件下，缩小易变形区、扩大难变形区，使热压缩过程中各区域的变形保持均匀一致成为提高铜铝复合材料宏观协同变形能力的关键。由于在不同变形条件下铜铝复合材料试样与砧座摩擦条件相同，因而铝层下表面的难变形区在不同变形条件下大小相似。通过对不同变形温度和应变速率下的铝层微观组织观察后发现，变形温度和应变速率对具有冶金结合界面的铜铝复合材料变形区的尺寸有显著影响。随着应变速率的增加或变形温度的降低，难变形区的尺寸增大，易变形区的尺寸减小，铝层各区域的变形趋于一致。

6.2　铜铝复合板热压缩应力-应变曲线分析

铜铝复合材料和单金属铝在不同变形温度和应变速率下的真应力-真应变曲线如图 6.4 所示。同其他铝合金的热压缩变形相似，变形温度和应变速率对铜铝复合材料的压缩流动应力有显著影响，流动应力随应变速率的增加或变形温度的降低而增大[1,2]。但不同的是，通过图 6.4(a) 与 (b) 的对比可以发现，在变形开始阶段，铜铝复合材料的流动应力迅速增加，并在极小应变下达到峰值应力(图 6.4(b))。然而，单金属铝的流动应力在变形开始后缓慢增加，在较大应变下才达到峰值应力(图 6.4(a))。这一差异可以归结为，在铜铝复合材料的等温压缩过程中，较硬的铜层通过冶金结合界面对铝层中的位错滑移具有较强的抑制作用，而在单金属铝中位错滑移相对容易。此外，在 300℃和 350℃等较低的热压缩温度下，单金属铝的流动应力随着应变的增加持续增加，表明在较低的热压缩温度下加工硬化作用一直起主导作用(图 6.4(a))。而铜铝复合材料的流动应力在达到一定的应变量时出现缓慢下降，表明应变软化在变形后期逐渐起到主导作用(图 6.4(b)、(c)、(d))。

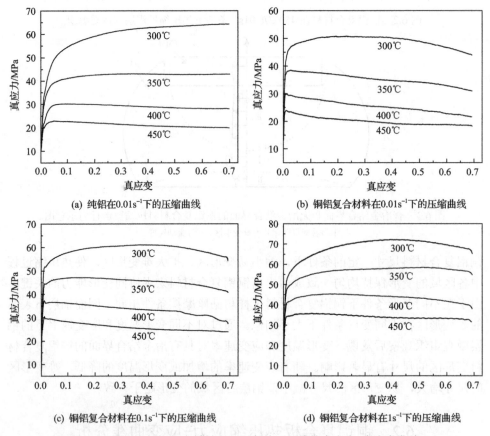

图 6.4　纯铝和铜铝复合材料在不同条件下压缩的真应力-真应变曲线

在 400℃和 450℃等较高的变形温度下，单金属铝中的热激活过程有利于位错的攀移和交滑移，从而平衡了位错增殖引起的加工硬化，宏观上表现出动态回复特征，真应力-真应变曲线在到达峰值后保持稳定值不变(图 6.4(a))。对于铜铝复合材料，在与单金属铝相同的应变速率下(0.01s⁻¹)，由于界面对铝基体中位错运动的限制，动态软化只能以在晶界处重新形成新晶粒的方式进行，从而宏观上表现为动态再结晶，真应力-真应变曲线表现为在到达峰值后逐渐下降。同时，随着应变速率的增加，动态再结晶来不及进行，动态再结晶软化的能力逐渐下降，宏观上表现为真应力-真应变曲线在到达峰值后下降的速度变慢(图 6.4(b)、(c)、(d))。

通过金相显微镜进一步观察铜铝复合材料中铝基体的微观组织，证实了上述变形过程中的加工硬化和动态软化机制。在热压缩变形前，铝层心部晶粒近似等轴状(图 6.5(a))。在较低的变形温度和较高的应变速率下，加工硬化起主导作用，结果铝晶粒大幅度拉长，纤维组织的晶界几乎不可见(图 6.5(b))。随着变形温度的升高，动态软化机制可以抵消部分热压缩早期的加工硬化，新的未变形晶粒有足够的能量在晶界附近形核，符合动态再结晶的特点，再结晶晶粒在晶界处形成，如图 6.5(c)所示。在高变形温度和低应变速率下，再结晶晶粒的形核和生长有更多的能量和时间，因此更多的再结晶晶粒被发现，如图 6.5(d)所示。

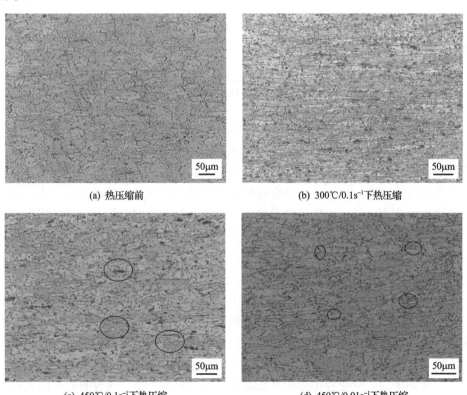

(a) 热压缩前

(b) 300℃/0.1s^{-1}下热压缩

(c) 450℃/0.1s^{-1}下热压缩

(d) 450℃/0.01s^{-1}下热压缩

图 6.5　不同压缩条件下铜铝复合材料中铝基体的微观结构演变

6.3　变形条件对铜铝复合板压缩变形行为的影响

应变强化指数 n 是反映材料在变形过程中产生加工硬化能力的重要指标。它反映了材料在局部变形、失效前的均匀塑性变形能力。因此，提高铜铝层状复合材料的均匀塑性变形能力即意味着提高铜铝复合板的协同变形能力。应变强化指数受材料应变强化与应变软化共同控制，可以根据 Zener-Hollomon 方程求出，如式 (6.1) 所示[3]：

$$\sigma = K \cdot \varepsilon^n \tag{6.1}$$

式中，σ 为一定变形温度和应变速率下的真应力；K 为强度系数；ε 为真应变；n 为应变强化指数。对等式 (6.1) 两边取对数，可以将方程转化为

$$\ln \sigma = \ln K + n \ln \varepsilon \tag{6.2}$$

因为 K 和 $\ln K$ 都是常数，从数学的角度看，n 是 $\ln\sigma$-$\ln\varepsilon$ 曲线的斜率。因此通过对式 (6.2) 求微分，可以求出代表加工硬化和动态软化平衡的应变强化指数 n。

$$n = \frac{\partial \ln \sigma}{\partial \ln \varepsilon}\bigg|_{\dot{\varepsilon}, T} \tag{6.3}$$

根据铜铝复合材料等温压缩过程中的真应力-真应变数据，绘制了不同变形温度和应变速率下的 $\ln\sigma$-$\ln\varepsilon$ 曲线，如图 6.6 所示。从图中可以看出，真应力与真应变的对数关系是高度非线性的，这意味着应变强化指数 n 是恒定变形温度和应变速率下应变的函数。在低温高应变速率下变形时，$\ln\sigma$ 随 $\ln\varepsilon$ 的增加而增大，直至一个较大的应变值后才出现下降，表明加工硬化机制在铜铝复合材料的压缩过程中起主导作用。随着变形温度的不断升高或应变速率的降低，位错运动有了更多能量或更长时间，从而促进了动态再结晶的产生和发展。当动态软化足以抵消等温压缩过程中的加工硬化时，$\ln\sigma$ 随 $\ln\varepsilon$ 的增加而减小。

尽管 $\ln\sigma$-$\ln\varepsilon$ 曲线的斜率可以反映出应变强化指数 n 为正值或负值(图 6.6)，但在不同的应变量、变形温度和应变速率下，应变强化指数 n 的变化趋势和值的大小都不明显。因此，进一步求出铜铝复合材料的热压缩过程中应变强化指数 n 的大小，绘制出应变对应变强化指数 n 的影响，如图 6.7 所示。从图 6.7 可以看出，随着应变的增加，应变强化指数 n 逐渐减小甚至变为负值，这表明加工硬化机制在铜铝复合材料等温压缩开始阶段起主导作用，随着应变的增加，动态软化机制逐渐增强并开始起主导作用。特别是在变形温度为 400℃和 450℃，应变速率为

$0.1s^{-1}$ 和 $0.01s^{-1}$ 时，各变形条件下的应变强化指数 n 均为负值，说明动态软化机制从等温压缩过程开始就起主导作用。因此，要想取得较大的应变强化指数(即较大的应变强化能力)，铜铝复合材料的热压缩变形应在较低的变形温度和较高的应变速率下进行，这与 6.1 节中微观组织观察结果一致。

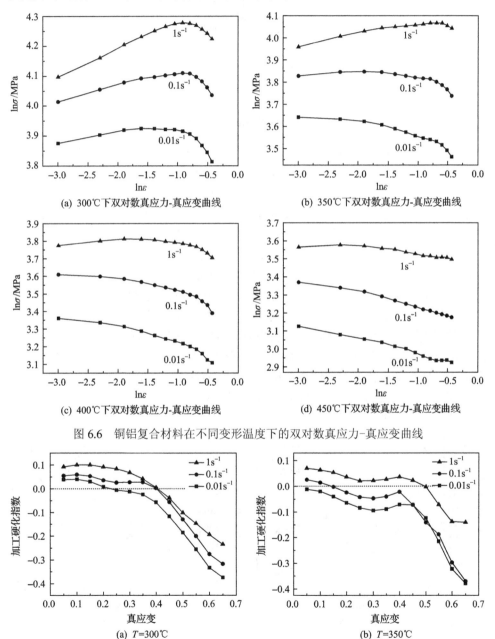

(a) 300℃下双对数真应力-真应变曲线　　　　(b) 350℃下双对数真应力-真应变曲线

(c) 400℃下双对数真应力-真应变曲线　　　　(d) 450℃下双对数真应力-真应变曲线

图 6.6　铜铝复合材料在不同变形温度下的双对数真应力-真应变曲线

(a) T=300℃　　　　　　　　　　(b) T=350℃

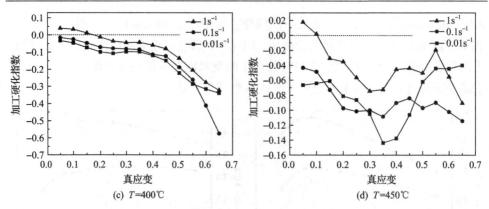

(c) $T=400℃$　　　　　　　　　　　　(d) $T=450℃$

图 6.7　铜铝复合材料在不同变形温度下应变对应变强化指数 n 的影响

从图 6.7 还可以发现，等温压缩过程中，在相同的变形温度和应变量下铜铝复合材料的应变强化指数 n 随应变速率的增加而增加的幅度较小，表明应变强化指数 n 对应变速率不敏感，这与铝合金具有相似的特征[4]，但与铜合金不同，铜合金在变形过程中的应变强化指数 n 对应变速率较敏感[5]。这一计算结果是可以理解的，因为铜铝复合材料等温压缩过程中变形主要集中在较软的铝层。

图 6.8 表明了铜铝层状复合材料等温压缩过程中变形温度对应变强化指数 n 的影响。当真应变为 0.2 时，应变强化指数 n 随变形温度的升高而显著降低，甚至变为负值，说明随着变形温度的升高，动态软化机制逐渐增强，并逐渐起主导作用，如图 6.8(a)所示。因此，在铜铝复合材料的变形过程中，这一阶段的流动应力急剧下降。应变速率越低，材料内有充分的时间进行动态软化，即使在较低的变形温度下也可以进行动态再结晶。当真应变为 0.55 时，应变强化指数 n 在所有变形条件下均为负值，如图 6.8(b)所示。这意味着即使在较低的温度和较高的应变速率下软化机制也已经能够完全抵消铜铝复合材料在变形过程中的加工硬化机制并起主导作用。

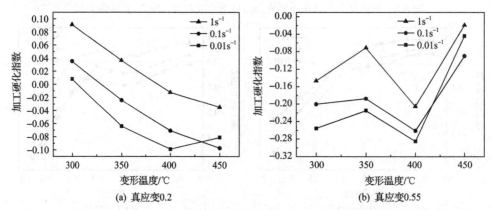

(a) 真应变0.2　　　　　　　　　　　(b) 真应变0.55

图 6.8　不同真应变下温度对应变强化指数 n 的影响

6.4　铜铝复合板压缩变形本构方程的构建、修正及验证

6.4.1　铜铝复合板压缩变形本构方程的构建

在热变形过程中，Arrhenius 方程由于综合考虑了应变速率、变形温度、应力和变形激活能之间的耦合关系而经常用于描述金属的变形行为，方程如式(6.4)所示：

$$\dot{\varepsilon} = A[\sin h(\alpha\sigma)]^n \exp\left(-\frac{Q}{RT}\right) \tag{6.4}$$

式中，A、α 和 n 为材料常数；$\dot{\varepsilon}$ 为应变速率(s^{-1})；σ 为流动应力(MPa)；Q 为变形激活能(kJ/mol)；R 为气体常数($8.314kJ/(mol \cdot K)$)；T 为变形温度(K)。

同时，Zener-Hollomon 方程也可以用来表示应变速率和变形温度的耦合效应，如式(6.5)所示：

$$Z = \dot{\varepsilon}\exp\left(\frac{Q}{RT}\right) \tag{6.5}$$

式(6.4)可用于所有应力水平。然而，对于较低的应力水平，式(6.6)更适合。应力水平较高时，式(6.7)更适合描述应变速率与流动应力之间的关系。

$$\dot{\varepsilon} = A_1\sigma^{n_1}\exp\left(-\frac{Q}{RT}\right) \tag{6.6}$$

$$\dot{\varepsilon} = A_2\exp(\beta\sigma)\exp\left(-\frac{Q}{RT}\right) \tag{6.7}$$

式中，A_1、n_1、A_2 和 β 为材料常数。进一步对式(6.6)和式(6.7)两边取自然对数，将方程转换为式(6.8)和式(6.9)，以便于求出方程中的相关材料常数。

$$\ln\dot{\varepsilon} = n_1\ln\sigma + \ln A_1 - \frac{Q}{RT} \tag{6.8}$$

$$\ln\dot{\varepsilon} = \beta\sigma + \ln A_2 - \frac{Q}{RT} \tag{6.9}$$

然后将真应变0.4下的流动应力和应变速率分别代入式(6.8)和式(6.9)。显然，在恒定变形温度下，因为 A_1、n_1、A_2、β、R 和 Q 都是常数，$\ln\dot{\varepsilon}$-$\ln\sigma$ 和 $\ln\dot{\varepsilon}$-σ 满足一定的线性关系。不同变形温度下的拟合曲线如图6.9所示。可以进一步计算各变形温度下的拟合直线斜率并求其平均值，从图 6.9(a)求出常数 n_1 的值；从图 6.9(b)求出常数 β 的值。然后，又由于 $\alpha=\beta/n_1$，代入计算结果得出常数 α 的值

为 0.0254MPa^{-1}。

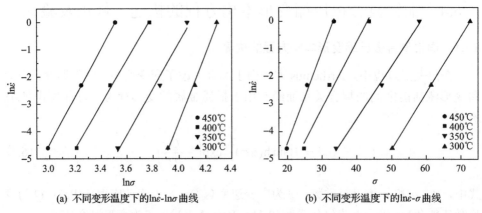

(a) 不同变形温度下的ln$\dot\varepsilon$-lnσ曲线　　　(b) 不同变形温度下的ln$\dot\varepsilon$-σ曲线

图 6.9　不同变形温度下的 ln$\dot\varepsilon$-lnσ 和 ln$\dot\varepsilon$-σ 曲线

对式(6.4)两边取自然对数得到等式(6.10)：

$$\ln\dot\varepsilon = n\ln(\sinh(\alpha\sigma)) + \ln A - \frac{Q}{RT} \tag{6.10}$$

式中，n、$\ln A$ 和 R 为常数，因此，在恒定的变形温度下 ln$\dot\varepsilon$-ln[sinh($\alpha\sigma$)] 之间也满足一定的线性关系，代入不同温度下应变速率和对应的流动应力值，作图 6.10(a)。进一步计算各变形温度下的拟合直线斜率并求其平均值，得出斜率 n 为 6.9。

变形激活能 Q 是表征材料变形难易程度的重要参量，也表示启动位错的临界能量值[6]，对式(6.10)求偏微分得到式(6.11)：

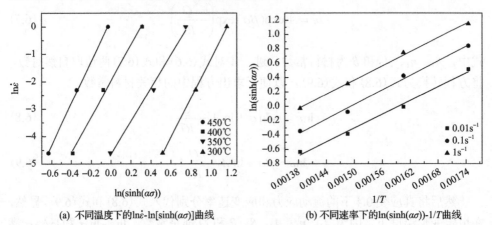

(a) 不同温度下的ln$\dot\varepsilon$-ln[sinh($\alpha\sigma$)]曲线　　　(b) 不同速率下的ln(sinh($\alpha\sigma$))-1/T曲线

图 6.10　不同温度下的 ln$\dot\varepsilon$-ln(sinh($\alpha\sigma$)) 曲线以及不同速率下的 ln(sinh($\alpha\sigma$))-1/T 曲线

$$Q = R\left(\frac{\partial \ln\dot{\varepsilon}}{\partial \ln(\sin h(\alpha\sigma))}\right)_T \cdot \left(\frac{\partial \ln(\sin h(\alpha\sigma))}{\partial (1/T)}\right)_{\dot{\varepsilon}} = RnL \qquad (6.11)$$

式中，L 为恒定变形速率下 $\ln(\sinh(\alpha\sigma))$-$1/T$ 曲线的斜率。代入恒定应变速率下的变形温度对应的流动应力，作图 6.10(b)。进一步计算各应变速率下的拟合直线斜率并求其平均值，计算出 L 值为 3249.44。此时，计算出铜铝复合板的变形激活能 Q 为 186.43kJ/mol，此值明显高于工业纯铝中的自扩散激活能(126.45kJ/mol)[7]。

根据式(6.5)可知，Zener-Hollomon 参数随应变速率的增加或变形温度的降低而增大。将式(6.5)代入式(6.4)，Zener-Hollomon 参数与变形峰值应力间的关系可以用式(6.12)来表示：

$$Z = \dot{\varepsilon}\exp\left(\frac{Q}{RT}\right) = A[\sin h(\alpha\sigma)]^n \qquad (6.12)$$

然后再对式(6.12)两边取自然对数，可以得到

$$\ln Z = \ln A + n\ln(\sin h(\alpha\sigma)) \qquad (6.13)$$

因常数 α 和 Q 的值已知，找出一定应变速率、变形温度和流动应力下 $\ln Z$ 值与 $\ln(\sinh(\alpha\sigma))$ 值的对应关系，并将不同变形条件下 $\ln Z$-$\ln(\sinh(\alpha\sigma))$ 对应关系一一绘制在图 6.11 中，从图中可以看出这些映射点具有良好的线性关系，拟合出的直线与 $\ln Z$ 轴的截距即为 $\ln A$ 的值，进一步换算出 A=3.79×10^{13}。图 6.11 表明建立一个包含应变速率、变形温度和应力的数学模型是可行的，使铜铝复合材料的塑性变形行为可以用函数关系清晰地表达出来。

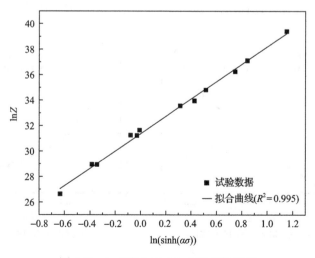

图 6.11　$\ln Z$ 和 $\ln(\sinh(\alpha\sigma))$ 的线性关系

此时，真应变为 0.4 时的铜铝复合板热变形本构方程可以用式 (6.14) 表示：

$$\dot{\varepsilon} = 3.79 \times 10^{13} [\sin h(0.0254\sigma)]^{6.9} \exp\left(-\frac{186.43}{8.314T}\right) \qquad (6.14)$$

6.4.2 铜铝复合板压缩变形本构方程的修正

如图 6.4 所示，铜铝复合板热压缩过程中流动应力随变形应变的增加而显著变化，特别是在 300℃ 和 350℃ 等较低的变形温度下。然而，本构方程的基础是加工硬化与动态软化之间的平衡，流变应力不随应变的增加而显著变化。这意味着在该试验中，应变对应力的影响不能忽略。因此，根据真应变 0.4 的参数建立的本构方程不能用来表述所有应变下的铜铝复合材料的变形行为。当计算本构方程常数(A、α、n 和 Q) 时，应考虑应变补偿，以便更准确地预测流动应力[8]。

采用相同的计算方法，在 0.05～0.65 的真应变范围内，以 0.05 为间隔重新计算材料常数。此外，这些材料常数与真应变之间的关系可以多项式拟合，如图 6.12 所示。多项式的阶数从 2 到 9 进行尝试，结果表明，5 次多项式与试验数据吻合较好，多项式可以用式 (6.15) 来表示，多项式系数在表 6.1 中列出。

$$\begin{cases} \alpha(\varepsilon) = B_0 + B_1\varepsilon + B_2\varepsilon^2 + B_3\varepsilon^3 + B_4\varepsilon^4 + B_5\varepsilon^5 \\ n(\varepsilon) = C_0 + C_1\varepsilon + C_2\varepsilon^2 + C_3\varepsilon^3 + C_4\varepsilon^4 + C_5\varepsilon^5 \\ Q(\varepsilon) = D_0 + D_1\varepsilon + D_2\varepsilon^2 + D_3\varepsilon^3 + D_4\varepsilon^4 + D_5\varepsilon^5 \\ \ln A(\varepsilon) = E_0 + E_1\varepsilon + E_2\varepsilon^2 + E_3\varepsilon^3 + E_4\varepsilon^4 + E_5\varepsilon^5 \end{cases} \qquad (6.15)$$

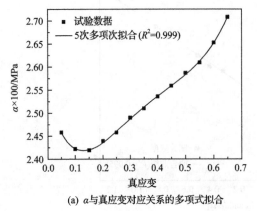

(a) α 与真应变对应关系的多项式拟合

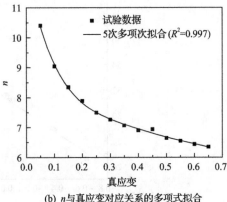

(b) n 与真应变对应关系的多项式拟合

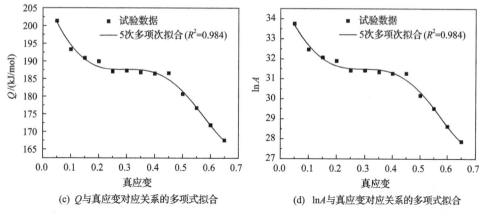

(c) Q 与真应变对应关系的多项式拟合

(d) $\ln A$ 与真应变对应关系的多项式拟合

图 6.12 α、n、Q 和 $\ln A$ 与真应变的多项式拟合关系

表 6.1 关于 α、n、Q 和 $\ln A$ 的多项式系数

α 的系数	n 的系数	Q 的系数	$\ln A$ 的系数
$B_0 = 2.5409$	$C_0 = 12.3182$	$D_0 = 209.4480$	$E_0 = 34.9790$
$B_1 = -2.2942$	$C_1 = -47.5148$	$D_1 = -191.4209$	$E_1 = -28.2479$
$B_2 = 14.0243$	$C_2 = 192.5064$	$D_2 = 370.7157$	$E_2 = 35.9870$
$B_3 = -31.8606$	$C_3 = -420.2749$	$D_3 = 903.3894$	$E_3 = 232.5851$
$B_4 = 31.7676$	$C_4 = 460.1838$	$D_4 = -3544.5115$	$E_4 = -714.7760$
$B_5 = -10.2397$	$C_5 = -199.5526$	$D_5 = 2675.6823$	$E_5 = 514.9587$

在这种情况下，应变修正的本构方程可以准确描述铜铝层状复合材料在不同应变速率、变形温度和应变量下的变形行为，如式(6.16)所示：

$$\dot{\varepsilon} = A(\varepsilon) \big[\sinh(\alpha(\varepsilon)\sigma) \big]^n \exp\left(-\frac{Q(\varepsilon)}{RT} \right) \tag{6.16}$$

6.4.3 铜铝复合板压缩变形本构方程的验证

基于应变修正的本构模型可以精确计算各变形条件下的流动应力，并与试验流动应力进行比较，结果如图 6.13 所示。从图中可以看出，在几乎所有的变形温度和应变速率下，预测应力和试验应力都有良好的匹配。为了进一步验证修正后本构模型的精度，对相关系数(R)和平均相对误差绝对值(AARE)进行计算，它们的表达式如下：

$$R = \frac{\sum\limits_{i=1}^{N}(E_i - \bar{E})(P_i - \bar{P})}{\sqrt{\sum\limits_{i=1}^{N}(E_i - \bar{E})^2 \sum\limits_{i=1}^{N}(P_i - \bar{P})^2}} \tag{6.17}$$

$$\text{AARE}(\%) = \frac{1}{N} \sum_{i=1}^{N} \left| \frac{E_i - P_i}{E_i} \right| \times 100 \tag{6.18}$$

式中，N 为所有变形温度和应变速率下的应力总数；E_i 为实测的流动应力值；P_i 为计算的流动应力；$\overline{E}$ 和 $\overline{P}$ 分别为 E_i 和 P_i 的平均值。

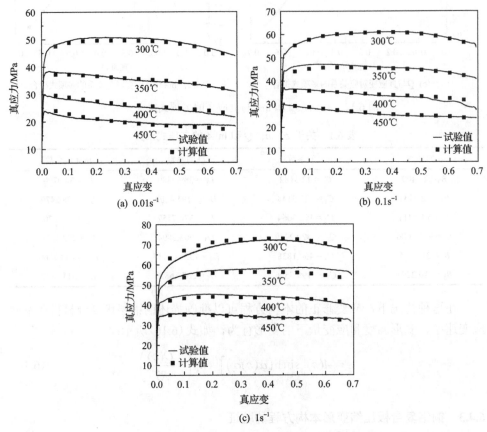

图 6.13　不同应变速率下应力的试验值和计算值的对比

　　将应力试验值和应力计算值的映射关系置于图 6.14 中，从图中可以看出试验应力和预测应力有很高的线性关系，计算表明相关系数(R)高达 0.9976。同时，计算出平均相对误差绝对值(AARE)也仅为 1.84%。高的相关系数和低的平均相对误差绝对值共同表明，修正后的本构模型具有较高的精度。因此，本节建立的本构模型能够准确描述铜铝层状复合材料在不同温度、应变速率和变形量下的变形行为。

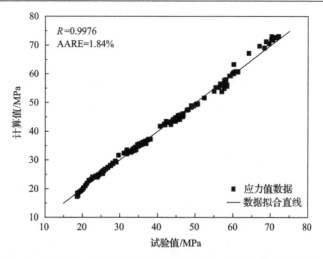

图 6.14　根据修正本构模型应力的计算值与应力试验值的相关性

参 考 文 献

[1] Haghdadi N, Zarei-Hanzaki A, Abedi H R. The flow behavior modeling of cast A356 aluminum alloy at elevated temperatures considering the effect of strain[J]. Materials Science & Engineering: A, 2012, 535(7): 252-257.

[2] Wu H, Wen S P, Huang H, et al. Hot deformation behavior and constitutive equation of a new type Al-Zn-Mg-Er-Zr alloy during isothermal compression[J]. Materials Science & Engineering: A, 2016, 651: 415-424.

[3] Hollomon J H, Member J. Tensile deformation[J]. Metals Technology, 1945, 12: 268-290.

[4] Ghosh A K. The influence of strain hardening and strain-rate sensitivity on sheet metal forming[J]. Journal of Engineering Materials & Technology, 1977, 99(3): 264.

[5] Cohades A, Etin A, Mortensen A. Designing laminated metal composites for tensile ductility[J]. Materials & Design, 2015, 66: 412-420.

[6] Mokdad F, Chen D L, Liu Z Y, et al. Hot deformation and activation energy of a CNT-reinforced aluminum matrix nanocomposite[J]. Materials Science & Engineering: A, 2017, 695: 322-331.

[7] Ashtiani H R R, Parsa M H, Bisadi H. Constitutive equations for elevated temperature flow behavior of commercial purity aluminum[J]. Materials Science & Engineering: A, 2012, 545: 61-67.

[8] Gao X J, Jiang Z Y, Wei D B, et al. Constitutive analysis for hot deformation behaviour of novel bimetal consisting of pearlitic steel and low carbon steel[J]. Materials Science & Engineering: A, 2014, 595: 1-9.

第7章 轧制态铜铝复合板界面微观 形貌及力学性能

铜铝复合板在加工过程中，其界面发生了显著改变，进而将对其性能产生重要影响。复合材料的主要力学性能包括剥离性能、拉伸性能、弯曲性能和冲击性能等，剥离性能是表征双金属复合板界面结合性能的一种重要方法。本章主要通过考察铜铝复合板在轧制和退火过程中的剥离性能，并结合界面结构和剥离面的微观形貌特征，对剥离过程中裂纹扩展行为进行研究，探索复合板结合性能的演变规律和强化机制。

7.1 轧制过程复合板的形变规律

将铸轧态铜铝复合板(9mm)经过多道次冷轧成厚度分别为 8mm、7mm、6mm 和 5mm 的板材。图 7.1 是冷轧到不同厚度后复合板的宏观形貌。由图可见，经过冷轧后，复合板在长度方向上得到延伸，但宽度方向基本保持不变，板型得到有效控制，实现了铜铝层的协同变形。图 7.1 中厚度为 7mm、6mm 和 5mm 复合板底部灰色为轧制前加工的圆角，以提高轧制咬入时的接触面积，以便在大加工率轧制时顺利咬入并完成轧制过程。对轧制到不同厚度时复合板长度和宽度进行了统计，结果如图 7.2 所示。由图可知，复合板的宽度基本维持在 31mm 左右，而长度变大较多。这主要由以下三种因素造成：①在压下量相同的条件下，小辊径轧机(试验中采用的 ϕ180mm×300mm 小辊径轧机)的接触弧度相对较小，因此在宽度方向对应的摩擦阻力小，根据金属材料塑性变形的最小阻力定律，金属质点优先向延伸方向流动；②在轧制时，变形区长度一般总是小于轧件的宽度，金属质点纵向流动变形量比沿横向流动多，从而导致延伸量大于宽展量；③根据轧辊的特点，轧制方向的接触面为圆弧，横向则为平面，这样产生有利于延伸变形的水平分力[1]。根据金属塑性变形的体积不变定律，当复合板宽度保持不变时，长度和厚度满足倒数关系，如图 7.2 所示，只是后三种厚度的复合板轧制前加工圆角，因此长度略长。

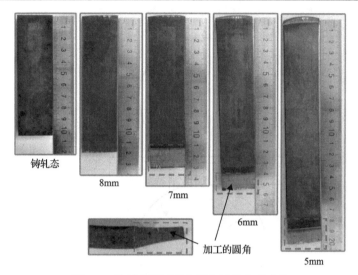

图 7.1 轧制成不同厚度复合板的宏观形貌

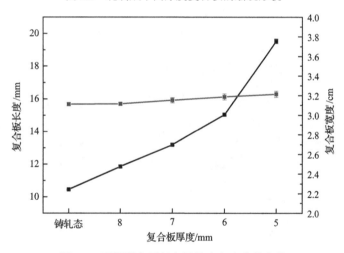

图 7.2 不同厚度下复合板长度和宽度的变化

铜铝复合板在冷轧过程中协同变形，将轧制的变形过程分为三个区域，如图 7.3 所示：①铝单独塑性变形区；②铜铝协同变形区；③轧制出口区，并针对轧制过程采用 Deform 有限元软件进行模拟研究。

图 7.4 所示的是轧制过程复合板的累计等效应变分布图。由图 7.4(a)可知，在复合板的咬入过程，轧辊对复合板的作用力是逐渐增强的过程，由于铝的屈服强度较铜低，因此铝首先产生塑性变形；随着复合板的咬入，轧制力进一步增强，铜层发生塑性变形，在界面与铜铝基体的相互作用下，铜铝复合板实现了协同变形(图 7.4(b))。复合板轧制协同变形的末期，进入出口阶段，铜铝的变形基本结束，此时复合板主要受到轧辊出口方向的拉力。

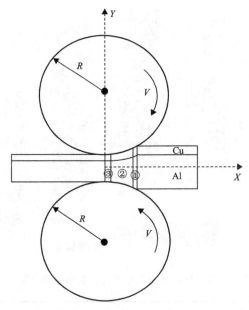

图 7.3　复合板轧制过程示意图

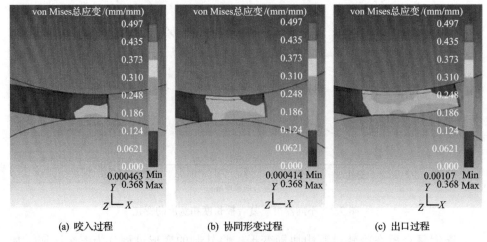

(a) 咬入过程　　　　　　(b) 协同形变过程　　　　　　(c) 出口过程

图 7.4　轧制过程复合板的应变(累计等效)分布图

　　与工业化轧制生产相比,双辊冷轧试验过程缺少出口板材的矫平和卷取设备,经过冷轧后,复合板材出现向铜层一侧弯曲的现象,如图 7.5(a)所示。这主要由于铜铝两种材料在轧制过程产生法向不等变形,从而导致复合板轧制后出现翘曲。由图 7.5(b)可知,经过轧制后,铜铝复合板的段侧出现铝组织突出的特殊形貌,在轧制中间过程,由于界面的牵制作用,铜铝基体能保持协同变形,但在轧制的咬入阶段,随着轧辊对复合板作用力的逐渐增大,屈服强度较低的铝首先发生塑性变形(图 7.6),然后才能实现复合板的共同变形。这种作用随着多道次轧制逐渐累积，从而出现头部铝基体外翻的现象。从宏观形貌上看，这些复合板的变形特点只发生在复合板的端部，在生产过程中要进行切边处理。当复合板累积轧制到厚度为 4mm 时，铜铝复合板的主体均能实现协同一致的形变，铜铝界面在冷轧过程中未出现开裂失效的现象。但继续轧制到厚度为 3mm 时，铜层出现了开裂现象 (图 7.7)。复合板在冷轧过程中，铜铝基体由于轧制塑性变形而产生加工硬化的现象，导致抗拉强度提高和延伸率降低，并且铜层的延伸率更低而厚度更薄，导致铜层在进一步冷轧过程中先于铝发生断裂[2]。

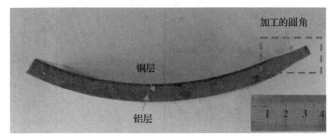

(a) 板型弯曲

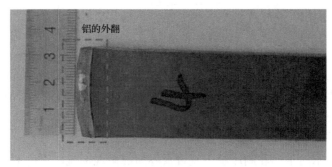

(b) 铝的外翻

图 7.5　铜铝复合板轧制后的板型特点

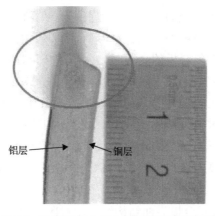

图 7.6　轧制后复合板头部铜铝的变形情况

图 7.7　铜层的开裂

7.2　轧制过程复合板界面的结构演变

铸轧生产的铜铝复合板在轧制过程实现了协同一致的变形，铜铝之间的界面结构起到至关重要的作用。界面的结构直接影响复合板的性能，而直接关系到复合板能否协同变形。

图 7.8 所示的不同轧制厚度下复合板界面的微观形貌，黑色部分为铝基体，浅灰色部分为铜基体，中间较深色的为铜铝界面层。其中，铸轧态的界面微观结构已经在第 3 章中进行分析，界面层主要由 Al_2Cu 和 Al_4Cu_9 两种金属间化合物构成，这两种金属间化合物层材质均匀，相界清晰，存在耦合的界面结合形式，这些界面结构特点实现了与铜铝基体良好的结合能力。由图 7.8 可知，复合板轧制到厚度为 8mm 后，铜铝复合板的金属间化合物层开裂。从裂纹的相貌上观察，大部分都贯穿金属间化合物层，裂纹的宽度有所差别。对于宽度相对较大的裂纹，伴随有铜铝基体组织在轧制力的作用下被挤入裂纹中，但并未得到接触，同时发现裂纹内部形成了衬度为黑色的孔洞。随着加工率的逐步提高，金属间化合物层在轧制力的作用下逐渐分离，且分离的宽度逐渐增大。此时，铜铝组织在金属间化合物层的分离区域得到接触，称这个新出现的区域为"铜铝直接接触区域"。

图 7.9 为轧制过程复合板界面结构演变示意图。由图可知，经过轧制的界面

层为铜铝直接接触区域和金属间化合物层区域相互交替的特点，而且随着轧制加工率的增加，铜铝直接接触区域宽度增大，而金属间化合物层宽度逐渐变小，呈现颗粒状，其所占界面层总长的比例也逐渐减小。对轧制到不同板厚下金属间化合物层平均长度和占界面层总长的比例进行统计(图 7.10)，发现金属间化合物层破碎段平均长度和占比均随复合板厚度呈线性降低关系。金属间化合物层占比随厚度线性降低的原因主要是金属间化合物层具有硬脆特征，在轧制过程中厚度保持不变，但逐渐破裂分离，随着复合板长度的延伸而逐渐破裂分离。考虑到轧制后界面层中铜铝直接接触区域之间失去了冶金结合的特征，其结合强度也将随着轧制道次的增加而逐渐降低。值得注意的是，铜铝铸轧复合板在整个轧制过程中，一直到铜层，严重的加工硬化而导致开裂失效，铜铝复合板界面都未出现金属间化合物层横向断裂，金属间化合物与铜铝基体分离导致复合板分层失效。

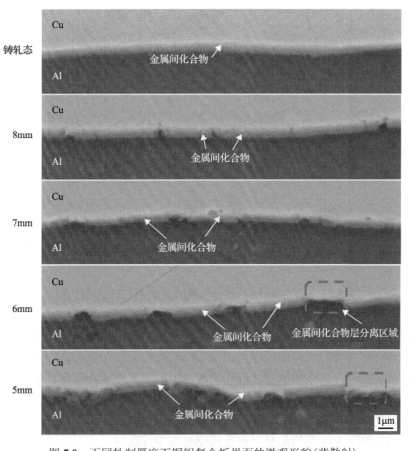

图 7.8　不同轧制厚度下铜铝复合板界面的微观形貌(背散射)

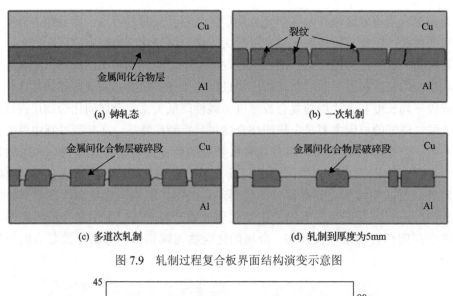

图 7.9　轧制过程复合板界面结构演变示意图

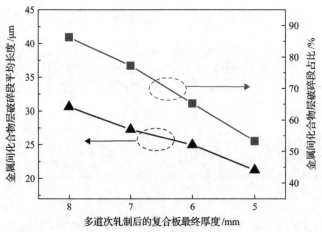

图 7.10　轧制到不同板厚下金属间化合物层颗粒平均长度和占比的变化趋势

7.3　轧制过程的协同变形作用和机制

　　复合板轧制过程板型和界面结构的研究表明，铜铝铸轧复合板在多道次轧制过程中，具有良好的协同变形能力。本节将研究铜铝复合板在轧制过程中基体与界面的相互作用，探索铜铝复合板轧制过程中的协同作用和形变机制，为铜铝复合板轧制加工提供理论依据和技术支持。

　　铜铝复合板轧制过程的形变涉及界面和铜铝组织，界面和组织的变化相互影响。图 7.11 和图 7.12 是铜铝复合板在轧制过程中界面附近变形的微观形貌及示意图。复合板的界面在轧制过程中主要受到四个方向的力，分别是上下的轧制压力和前后拉力。由于铜铝金属间化合物的脆性特征，虽然其结合强度较高，但在轧制过程中，大的应变速率造成金属间化合物层开裂并分离。由于复合板受到上下轧辊的压力，铜铝基体组织被挤入金属间化合物层的分离区域，随着轧制道次的增加，基体组织对金属间化合物层分离区域的填充比例会逐渐增加。最终在断层附近留下微小的间隙。由组织的形变流线可以清晰看出，金属间化合物层附近的基体组织由于受到金属间化合物对基体的牵制作用，形成未形变组织，而金属间化合物层分离区域产生了较大的形变。

 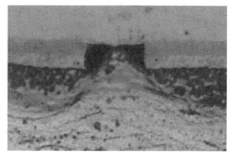

(a) 金属间化合物层开裂　　　　　　　　　(b) 金属间化合物层分离

图 7.11　铜铝复合板轧制过程界面形变过程

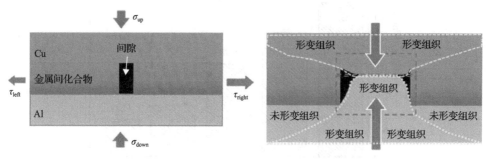

(a) 金属间化合物层开裂　　　　　　　　　(b) 金属间化合物层分离

图 7.12　铜铝复合板轧制过程受力及形变示意图

在轧制过程中，上下辊的速度一致，但铜铝具有不同的形变抗力，导致铝更容易形变，但随着轧制力的增加，铜铝复合板基体在界面的牵制作用促使铜铝在相同的形变量下变形，这种作用力是由界面层的特征决定的。一方面，界面层与铜铝间的结合力在轧制后并未破坏，对基体进行牵制；另一方面，轧后的界面特征表明，随着断裂的金属间化合物区域内挤入铜铝基体组织，在切向力的作用下，被挤入的基体组织与金属间化合物断裂面产生相互作用，阻碍铜铝的相对运动，这主要是轧制过程形成的特有界面结构的作用力。进一步通过对厚界面层的轧制进行验证后发现，虽然在较厚界面层下铜铝之间的剥离强度很弱，但经过轧制后，剥离强度有所提高；同时继续轧制，铜铝间依然可以协同变形。多道次轧制后，金属间化合物层断裂段宽度逐渐缩小并分离，这种结构特征类似于界面处的钉扎作用，由于金属间化合物自身具有较高强度，在铜铝基体的切向力作用下依然保持完整。在界面附近，铜铝的形变处于非均匀态，在钉扎附近区域，铜铝组织形变量很小，而断裂分离区域，铜铝实现较大的形变。在远离界面层的铜铝组织则产生了均匀的形变。

7.4　轧制过程复合板的力学性能

7.4.1　轧制过程铜铝复合板的剥离性能

图 7.13 为轧制到不同厚度下铜铝复合板的平均剥离强度。由图可以看出，随着复合板厚度的降低，其平均剥离强度逐渐下降，当厚度达到 6mm 时，平均剥离强度降至 22.01N/mm，已经无法满足使用要求；轧制到 5mm 时，降低趋势有所缓和。

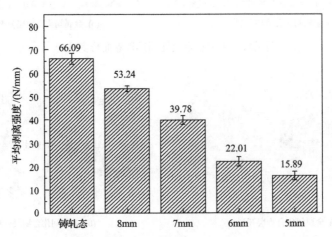

图 7.13　轧制到不同厚度下铜铝复合板的平均剥离强度

由第 4 章分析可得，经过轧制后，复合板的界面发生了较大变化，金属间化合物层经过轧制后断裂并分离，虽然原有金属间化合物层与铜铝基体间结合保持完整，但界面层出现了铜铝直接接触区域，并且随着轧制加工率的增大而变宽，这些界面变化特征是剥离强度降低的主要原因。

7.4.2　轧制工艺对铜铝复合板抗拉强度的影响

图 7.14 为轧后不同厚度的铜铝复合板的抗拉强度。由图可以看出，铸轧态铜铝复合板的抗拉强度仅为 91.7MPa，当复合板轧制至厚度为 7mm 时，抗拉强度迅

速增大至 101.9MPa，当复合板轧制至厚度为 4mm 时，抗拉强度已经增大至 144.8MPa，由此可见，相比于铸轧态复合板，轧制态复合板的抗拉强度明显提高，且随着轧制压下率的增大，复合板的抗拉强度呈逐渐增大的趋势。这是因为随着轧制压下率的增大，铜铝复合板的塑性变形程度增大导致位错密度不断增加，位错运动时的相互交割作用加剧，进而在基体内部产生位错塞积和割阶等原子运动的障碍，结果导致复合板加工硬化程度增加，变形抗力增大，在拉伸性能测试时表现为抗拉强度增大。

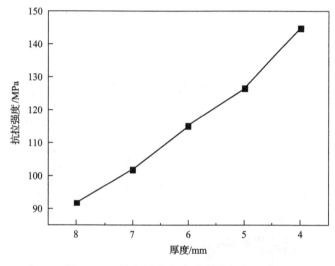

图 7.14　不同厚度铜铝复合板的抗拉强度

7.5　轧制过程界面的强化机制

在对轧制过程铜铝复合板剥离面的微观形貌进行表征分析时，对比采用背散射电子技术成像和二次电子成像技术在剥离形貌观察上的差别，如图 7.15 所示。采用二次电子成像技术，可以使用更高的倍数对物体的形貌特征进行观察，而采用背散射电子成像技术，由于铜、铝和金属间化合物层的导电性存在一定差异，可以通过衬度反映物相间的差别，相对于二次电子成像所获得的物相信息更为丰富，这有助于分析判断裂纹的扩展行为。后续的剥离面一致使用背散射电子成像技术进行观察分析。为了判定剥离面的物相种类，对剥离面进行成分面分布扫描和点扫描，如图 7.16 和表 7.1 所示。结合成分面扫描和背散射电子成像结果分析，图 7.15(b) 中黑色并且形貌成山形隆起的为铝基体，而灰色板块状并呈现脆性断裂面伴有裂纹的为金属间化合物层，对金属间化合物层较宽裂纹处进行点扫描结果显示，裂纹底部为铜基体(表 7.1 中点 4)。

(a) 二次电子成像　　　　　　　　　　　(b) 背散射电子成像

图 7.15　不同成像技术下轧制到厚度 8mm 复合板铜侧的剥离面微观形貌

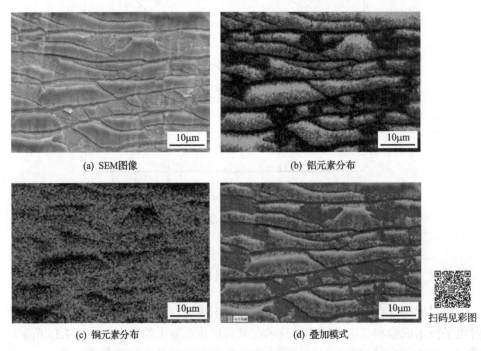

(a) SEM图像　　　　　　　　　　　(b) 铝元素分布

(c) 铜元素分布　　　　　　　　　　　(d) 叠加模式

扫码见彩图

图 7.16　冷轧至厚度 8mm 复合板铜侧的微观形貌和面分布扫描

　　图 7.17 为冷轧至厚度 8mm 复合板铝侧的微观形貌和面分布扫描图（表 7.2）。综合分析，在图 7.17(a) 中，剥离表面中深色形貌如山形隆起的为铝基体，表现为塑性延性断裂特征。而浅灰色的物相为金属间化合物层，表面为脆性断裂特征，并未在铝侧发现铜基体。

　　通过以上分析，掌握了轧制厚度为 8mm 时，复合板铜铝两侧剥离面的物相和形貌特征，并可以方便地通过背散射成像技术判定和统计剥离面各种物相的分布规律。

表 7.1　图 7.16(a)中 EDS 扫描结果

点	Al(原子分数)/%	Cu(原子分数)/%	相种类
1	99.1	0.9	Al
2	67.14	32.86	Al$_2$Cu
3	32.54	67.46	Al$_4$Cu$_9$
4	1.25	99.75	Cu

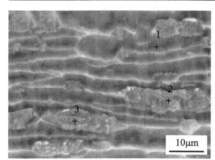

(a) SEM图像

(b) 铝元素分布

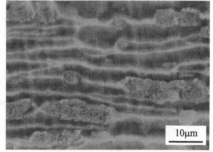

扫码见彩图

(c) 铜元素分布

(d) 叠加模式

图 7.17　冷轧至厚度 8mm 复合板的铝侧的微观形貌和面分布扫描

表 7.2　图 7.17(a)中成分点扫描结果

点	Al(原子分数)/%	Cu(原子分数)/%	相种类
1	99.3	0.7	Al
2	34.44	65.56	Al$_4$Cu$_9$
3	68.12	31.88	Al$_2$Cu

　　图 7.18 为轧制后不同厚度下，铜铝复合板经过剥离后铜铝两侧的微观形貌。其中，左侧的为铜侧，右侧的为铝侧。结合 7.1.2 节复合板在轧制过程界面的演变规律，其界面在多道次轧制过程转变为破碎的金属间化合物层区域与铜铝直接接触区域的交替分布现象。因此，对于剥离过程裂纹的扩展行为，针对金属间化合物层区域与铜铝直接接触区域分别进行讨论。对于金属间化合物层区域，裂纹可

能发生在铝层、金属间化合物层或铜层三种情况。对复合板铜侧剥离面残留的铝和铝侧暴露的铝的占比进行统计，并在统计过程中去除铜铝直接接触区域的面

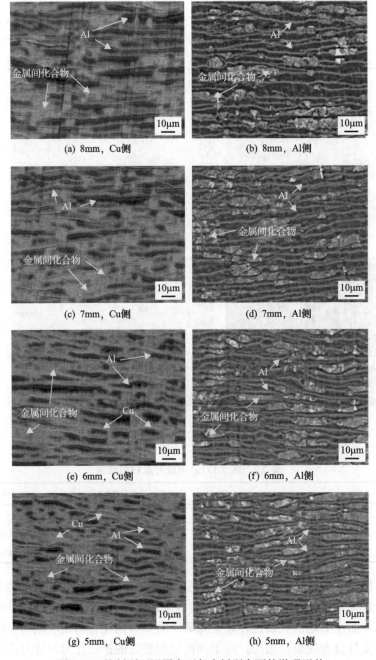

图 7.18 轧制到不同厚度下复合板剥离面的微观形貌

积，其结果如图 7.19 所示。由图可以看出，五种厚度的复合板，其铜侧残留的铝和铝侧残留的铜的占比基本一致，而对照图 7.18(a)、(c)、(e)、(g)，铜侧的金属间化合物层区域并未有暴露的铜出现。因此可以得出结论，针对金属间化合物层区域，复合板剥离过程裂纹都沿着铝基体或金属间化合物层间进行扩展，这与铸轧态铜铝复合板的断裂模式趋于一致。由图 7.19 可以看出，发生在铝基体的断裂模式占比逐渐缩小，这一变化规律与复合板剥离强度的变化基本一致。从断裂形貌上分析，铝的断裂表现为山形隆起的延性断裂(图 7.20(a) 中实线框区域)。一方面，只有达到铝基体的断裂强度，裂纹才能扩展；另一方面，延性断裂延长了裂纹的扩展路径。因此，发生在铝基体中的断裂模式可作为剥离强度一种重要的增强模式。同时，发生在金属间化合物层的断裂主要表现为脆性断裂形式，金属间化合物层的断裂为晶界断裂和穿晶断裂的混合模式(图 7.20(b))，这种金属间化合

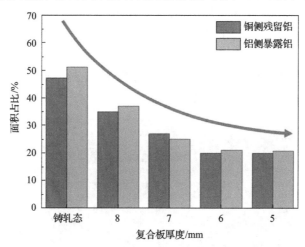

图 7.19　轧制过程不同厚度铜复合板剥离面在铝中断裂面积的占比

(a) 微观形貌　　　　　　　　　　　(b) 图(a)间虚线方框的局部放大

图 7.20　轧制到 5mm 时铜铝复合板铝侧剥离面的高倍数下微观形貌(背散射)

物的本征脆性是由其电子结构、晶体结构、位错运动、应力状态和晶界本征脆性等特征所决定[3]。相对于铝基体的断裂，金属间化合物层中的断裂模式对复合板结合强度的贡献相对较弱。

对于铜铝直接接触区域，从该特征区域的微观形貌进行分析。铜铝组织在轧制力的作用下被挤压到金属间化合物层断裂区域，当轧制加工率较小时，断裂区域的宽度较小，部分铜铝尚未得到完全接触，区域内还保留有一定的空隙；当轧制加工率较大时，铜铝基本填充到了金属间化合物层的断裂区域，原先的空隙得到填充，铜铝得到充分接触。研究表明，当轧制加工率达到一定值时，铜铝间由于相互挤压形变，将产生机械啮合力[4-7]。由图 7.21 可以看出，当复合板轧制到厚度为 5mm 时，在铜侧剥离面的铜铝直接接触区域发现有残留在铜上的铝组织，这说明铜铝间已经具有一定的机械啮合力。在剥离过程中，由于铜的断裂强度高于铝，裂纹优先在铝基体中产生并扩展，从而造成铝残留在铜侧。这种铜铝间由轧制作用产生的机械啮合力属于机械结合方式，对复合板的结合强度起到增强作用，但相对于冶金结合来说结合力很小。从复合板剥离强度的变化规律可以看出，当轧制厚度为 5mm 时，剥离强度降低的趋势逐渐缓慢，这主要是铜铝直接接触区域的机械啮合力逐渐产生和增强的作用结果。

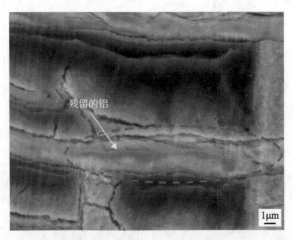

图 7.21　轧制到 5mm 复合板剥离面铜侧的微观形貌(背散射)

通过以上分析,结合轧制过程铜铝复合板剥离断裂示意图(图 7.22)进行总结。经过轧制后，铜铝界面层出现了铜铝直接接触区域。对于冶金结合性质的金属间化合物层区域，其断裂模式主要为铝基体断裂和金属间化合物层间断裂的混合模式，且随着轧制加工率的提高，在铝基体中的断裂模式占比逐渐缩小。对于铜铝直接接触区域，随着轧制加工率的提高，铜铝间将产生机械啮合能力并逐渐增强。综上所述，复合板轧制后的断裂模式主要有三种：金属间化合物层间断裂、铜铝间断裂和铝基体断裂。

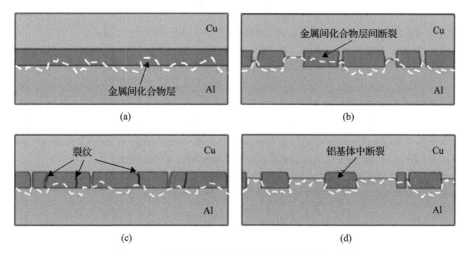

图 7.22　轧制过程中铜铝复合板剥离断裂示意图

结合三种断裂模式对复合板剥离强度的增强原因进行分析。当断裂表现为在铝基体中断裂行为时，铝基体自身的结合力起主要增强作用。当断裂表现为金属间化合物层间断裂时，金属间化合物自身的结合力起主要增强作用；在铜铝直接接触区域，轧制加工率不大时，铜铝之间只实现了界面的物理接触，并未产生结合力或结合力很小，所以对复合板的结合强度几乎没有贡献。随着轧制压下量的提高，铜铝之间将产生机械啮合能力，对复合板的结合强度起到一定的增强作用。图 7.23 所示的是这三种主要结合力和总结合力在轧制过程中的变化趋势。

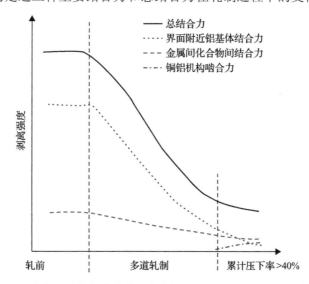

图 7.23　三种主要结合力和总结合力在铜铝复合板轧制过程中的变化趋势

参 考 文 献

[1] 赵志业. 金属塑性变形与轧制理论[M]. 北京: 冶金工业出版社, 2015: 384-342.

[2] 程禹霖, 运新兵, 杨俊英, 等. 轧制变形量对连续挤压纯铜板带组织性能的影响[J]. 塑性工程学报, 2014, 5: 77-82.

[3] Nambu S, Michiuchi M, Inoue J, et al. Effect of interfacial bonding strength on tensile ductility of multilayered steel composites[J]. Composites Science and Technology, 2009, 69(11-12): 1936-1941.

[4] 陈国良, 林均品. 有序金属间化合物结构材料物理金属学基础[M]. 北京: 冶金工业出版社, 1999: 153-174.

[5] Li X B, Zu G Y, Wang P, et al. Effects of asymmetrical roll bonding on microstructure, chemical phases and property of copper/aluminum clad sheet. Light Metals[M]. New York: John Wiley & Sons, 2012.

[6] 张胜华, 郭祖军. 铝/铜轧制复合板的界面结合机制[J]. 中南工业大学学报, 1995, (4): 509-513.

[7] 黄宏军, 张泽伟, 王书生, 等. 铜铝薄板轧制复合工艺[J]. 沈阳工业大学学报, 2009, (5): 531-535.

第8章 服役条件对铜铝复合板性能影响

铜铝复合材料作为兼具铜铝材料优点的复合材料，具有优良的导电、导热、质轻等特点，广泛应用于电力系统、散热装置、建筑装饰材料等行业。本章重点关注复合板使用性能问题，分析服役条件下铜铝复合板性能的影响因素和变化趋势，对铜铝复合板的电学性能、力学性能和耐腐性能进行详细阐述，为铜铝复合板的使用提供依据和指导。

8.1 铜铝复合板电学性能模拟

铜铝复合板是电力传输行业母线排的替代品，相比纯铜母线排，具有质轻的突出优点，可以节省铜资源的消耗，性价比优势突出，相比纯铝母线排，具有较好的导电性能，同时可以减少铜和铝母线排过渡接头造成的电流负载集中而导致的失效和故障问题。

铜铝复合板替代纯铜、纯铝母线排的主要问题之一是铜铝复合母线排的电学性能是否能够满足使用需要。考虑到交流电路中电流的集肤效应，铜铝复合母线排的铜层将有效提高复合母线排的电学性能。铜铝复合母线排在不同加载频率、不同板形和尺寸对复合母线排的电学性能有一定的影响，而铜铝复合母线排的电学性能对铜铝复合母线排的实际生产中复合板的参数设计有重要的指导作用，首先对铜铝复合板的电学性能进行计算分析。

8.1.1 计算研究方法

铜铝复合母线排的电学性能采用 ANSYS 软件进行模拟分析。用 ANSYS 软件分析电磁场分为三个步骤：前处理、求解和后处理。前处理主要是进行建模、网格剖分、材料定义等；求解主要是加载荷、解方程；后处理则主要将计算结果输出。整个过程既可以采用图形界面法，也可以采用命令流来实现。

选取铜铝复合板的截面为二维电磁场的分析区域。图 8.1 为铜铝复合板的结构图，它是由三个并联的块状导体组成的，由独立电压源单元提供激励载荷。用绞线圈将独立电压源连接到导体的有限源区域上。模拟用参数的选择见表 8.1。

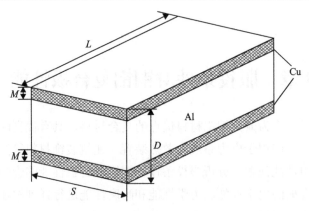

图 8.1　铜铝复合板结构图

表 8.1　铜及铝电阻率和电导率

材质	电阻率/(μΩ·m)	电导率/(mS/m)
铜	0.0175	57
铝	0.0278	36

8.1.2　加载电流频率对铜铝复合板导电性的影响

　　参考常见纯铜、纯铝母线排技术标准，选取尺寸为宽 60mm、厚 6mm 的铜铝复合板作为研究对象，单层铜厚为 0.5mm，铜层总厚为 1mm。加载电压 380V，为了分析电流频率对铜铝复合板电流集肤效应的影响，计算加载频率分别为 50Hz 和 1000Hz 情况下的电流密度及阻抗。

　　加载 380V/50Hz 及 380V/1000Hz 的铜铝复合板电流面分布如图 8.2 所示。从图中可以看出，在两种频率条件下，复合板表层的电流密度相对内部均要高得多；且在 1000Hz 加载频率时，表层的电流密度相对 50Hz 加载时小得多。交流传输时，电流密度主要集中在表层，在电荷传输过程中铜的导电性能充分发挥，复合板的导电性能优势得以体现。在 50Hz 加载时，复合板上的电流呈中心对称分布，远离宽度中心的铜覆层区域电流密度最高，铝区域相对表层的铜区域电流密度要小得多；随着与宽度中心距离的减小，电流密度也逐渐减小。在 1000Hz 加载频率下，此时电流密度仍呈中心对称分布，电流密度的分布较 50Hz 更趋近于表层分布，且中心区域几乎无电流分布。

　　复合板在 380V 电压和 50Hz 加载频率下电流线分布如图 8.3 所示。图 8.3(a) 是复合板厚度方向上的电流密度线分布；图 8.3(b) 是复合板宽度方向上的电流密度线分布。从电流密度线分布中可以看出，在加载 50Hz 电流时，同一位置不同方向上的电流密度线分布差别很大。在厚度方向上，表层的电流密度是最大的，随着向中心的推进，电流密度迅速变小，到达一定位置后，电流密度进入稳定状

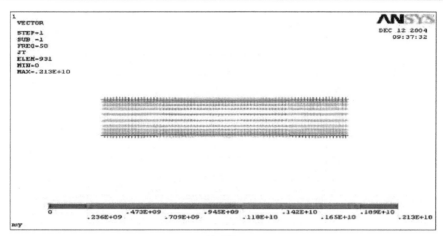

(a) 50Hz

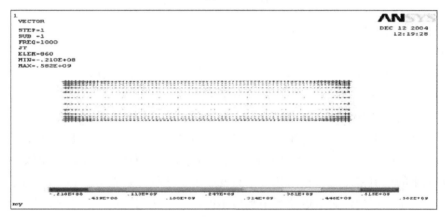

(b) 1000Hz

图 8.2　加载 380V 电压不同电流频率下复合板的电流面分布

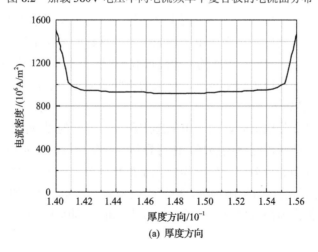

(a) 厚度方向

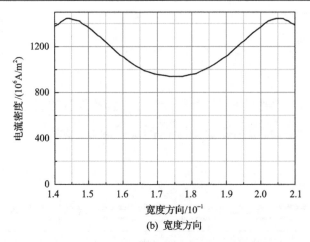

图 8.3　380V/50Hz 加载频率下复合板的电流线分布

态；而在宽度方向上，电流密度呈近似正弦曲线分布，在由边缘向中心的推进过程中，有先增加后逐渐减小的变化趋势，中心区域的电流密度最小。380V/50Hz 加载条件下的电流线分布表明，铜铝复合板的铜铝铜结构设计，有利于发挥铜层的导电优势，使得复合板具有良好的电学性能。

　　复合板在 380V/1000Hz 加载频率下电流线分布如图 8.4 所示。图 8.4(a) 是复合板厚度方向上的电流密度线分布，图 8.4(b) 是复合板宽度方向上的电流密度线分布。复合板加载 1000Hz 的电流密度线分布与加载 50Hz 时变化趋势相似，但厚度方向上的电流密度线分布由弦波分布变成了折线状，随着与中心距离的减小，电流密度由表层的最大值迅速减小到最小值，然后达到恒定，一段区域后又增加一小部分，最后稳定在一个很小的值上，这表明复合板心部铝层在加载 1000Hz 电流时几乎很少承载电流。而宽度方向上的电流密度线分布呈抛物线分布，且中间的稳定区域电流密度接近 0。电流密度的这一分布也说明增大加载电流频率后复合板的总体电流密度减小而电阻增加的现象。这样的现象主要是由导体在导电过程中产生的"集肤效应"造成的。通过加载 50Hz 和 1000Hz 频率的电流线分布对比可以看出，加载电流频率越高，电流的集肤效应越明显，越能发挥铜铝复合板的铜层导电优势。

　　当导体通过高频电流时，由于电磁感应现象，交变的磁场产生交变的电场，而交变的电场又感应出交变的磁场，使得导体与导体周围的金属相互作用。此时，导体与周围导体的邻近效应，使导体中电流重新分布，减小了导体中的有效通电截面，从而使回路的有效电阻增大，电流损失增大，导致复合板的导电性能降低。这是铜铝复合板作为高频率电流传输时需要考虑的不利因素之一。

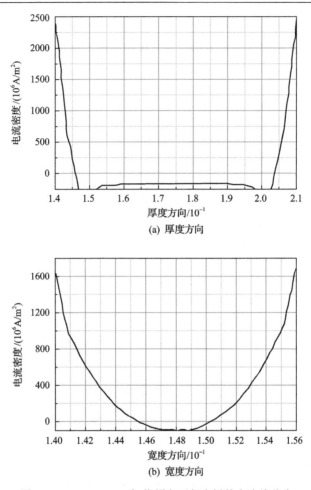

(a) 厚度方向

(b) 宽度方向

图 8.4　380V/1000Hz 加载频率下复合板的电流线分布

　　此外，当导体中通过的是高频电流时，由于集肤效应，电流仅通过导体表面。这相当于导体有效通电截面面积减小，因而导体的电阻增大。而有效通电截面面积与导体的尺寸、磁导率、电阻率及电流的频率有关。此时，若仿照直流电阻率来定义交流电阻率，则导体的交流电阻率不仅与导体的材料有关，还与导体的尺寸、磁导率及信号的频率有关，是个变量，直流电阻率只与导体材料有关，是个常量。因此，提及交流阻抗，只能在相同的条件下(指通电频率、导体截面尺寸相同)比较不同导体材料的交流阻抗大小。

8.1.3　铜铝复合板尺寸对导电性能的影响

　　铜铝复合板作为导电母线排使用时，传输的是交流电，按照我国工业用电频率使用，加载频率为 50Hz。在固定加载电压和频率时，复合板的导电性能受复合板的厚度、宽度和铜层厚度的影响，本节分别从复合板厚度、复合板宽度、复合板铜层厚度和复合板综合尺寸因素对复合板阻抗的影响进行分析，为复合板的尺寸设计提供依据和参考。

1. 复合板厚度对复合板阻抗的影响

固定铜铝复合板的宽度，研究复合板厚度变化对铜铝复合板阻抗的影响。图 8.5 为不同铜层厚度复合板相对阻抗随复合板厚度变化的关系。从图中可以看到，随着复合板厚度的增加，复合板的阻抗呈明显的下降状态；而且不同铜层厚度复合板的相对阻抗变化是相近的；尤其是当铜层厚度超过 0.5mm 时，复合板的相对阻抗变化几乎一致。表明当复合板的铜层厚度达到一定值时，铜层厚度对复合板的总体导电性能的提高不再有明显的效果。

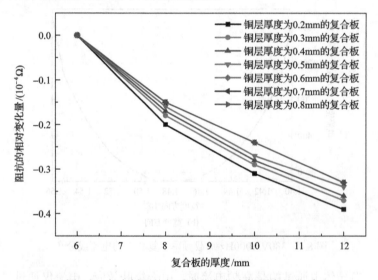

图 8.5　复合板阻抗相对变化与复合板厚度的关系

图 8.6 为不同宽度条件下复合板的相对阻抗随复合板厚度的变化。由图可以看出，阻抗随厚度的增加总体呈下降的趋势；但宽度为 60mm 和 65mm 的复合板的阻抗变化与宽度为 70mm 和 80mm 的复合板呈不同的变化趋势。两组曲线皆呈现幂函数 $y = a(x+b)^n + c$ 变化，宽度为 60mm 和 65mm 时，幂函数曲线的 n 取值小于 1；模拟宽度为 70mm 和 80mm 时，幂函数曲线的 n 取值大于 1。此变化趋势表明，在小的宽度值时，随着复合板厚度增加，其对阻抗降低的影响将越来越小；而宽度值较大时，随着复合板厚度增加，其对阻抗降低的相对影响将越来越大。

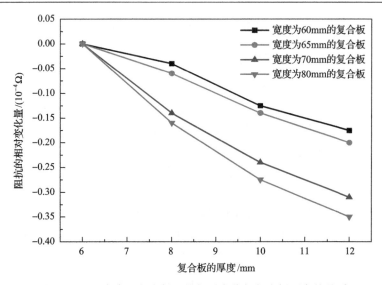

图 8.6　不同宽度下复合板阻抗相对变化与复合板厚度的关系

2. 复合板宽度对复合板阻抗的影响

固定铜铝复合板铜层厚度,研究复合板宽度对复合板阻抗的影响。图 8.7 给出了不同板厚时相对阻抗随复合板宽度的变化。由图可以看出,随着复合板宽度的增加,复合板的阻抗逐渐减小;复合板厚度为 6mm 和 8mm 时,随着复合板宽度的增加,复合板阻抗的相对减小量变化较明显;而当复合板厚度增加到 10mm 和 12mm 时,复合板的宽度增加对复合板阻抗减小的贡献度不大。这也表明在复

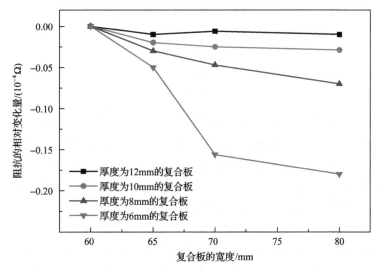

图 8.7　不同厚度下复合板阻抗相对变化与复合板宽度的关系

合板尺寸设计时，要考虑复合板厚度和宽度的叠加影响。

3. 铜层厚度对复合板阻抗的影响

铜铝复合板能够具有优良的交流电下导电性能，得益于复合板表面铜层的作用。为了进一步分析铜层厚度对复合板阻抗的影响，固定复合板的厚度和宽度，研究铜铝复合板的铜层厚度对铜铝复合板导电性能的影响。同时，为了对比电流频率对复合板电学性能的影响，选择 50Hz 和 1000Hz 两个加载频率。表 8.2 为选取的不同复合板铜层的厚度。计算得出的铜铝复合板上的总电流密度和复合板的阻抗见表 8.3。

由表 8.3 的数据可以看出，随着铜层厚度的增加，铜铝复合板上总的电流密度逐渐增加，复合板的阻抗也逐渐减小；当加载电流频率由 50Hz 变为 1000Hz 时，复合板的总电流密度大幅下降，复合板的阻抗也显著增加。

表 8.2　复合板铜层厚度和铝层厚度

M/mm	0.2	0.3	0.4	0.5	0.6	0.7	0.8
$D-2M$/mm	5.6	5.4	5.2	5.0	4.8	4.6	4.4

注：M 为铜层厚度；D 为复合板厚度。

表 8.3　不同铜层厚度铜铝复合板上总的电流密度和复合板的阻抗

铜层厚度 /mm	加载 380V/50Hz 电流		加载 380V/1000Hz 电流	
	复合板上总的电流密度/(A/m²)	复合板的阻抗/$10^{-4}\Omega$	复合板上总的电流密度/(A/m²)	复合板的阻抗/$10^{-3}\Omega$
0.2	1182470.780	3.219	70179.546	5.414
0.3	1187779.223	3.198	70237.707	5.410
0.4	1192779.938	3.177	70287.840	5.406
0.5	1197464.307	3.156	70329.965	5.403
0.6	1201940.455	3.140	70366.076	5.400
0.7	1206290.189	3.135	70396.272	5.398
0.8	1210399.956	3.132	70421.571	5.396

随着铜层厚度的不断增加，流经复合板的总电流密度也随之增加，复合板的阻抗减小。但当铜层厚度增加到 0.5mm 时，复合板阻抗的减小趋于平缓。在复合板整体厚度一定的前提下，铜层厚度的增加对复合板整体阻抗的减小作用有一相对极限值，达到此值时铜层厚度对复合板导电性的影响就不再明显。这种现象在加载 1000Hz 的高频电流时更加明显。

复合板相对阻抗随复合板中铜层厚度的变化情况如图 8.8 所示。由图可以看出，随着铜层厚度的增加，其相对阻抗逐渐减小。复合板越薄，铜层厚度对复合板相对阻抗的影响越大，当铜层厚度超过 0.6mm 后，铜层厚度增加对复合板相对阻抗的影响变小，同时考虑经济性，复合板的铜层厚度设计不易过大。

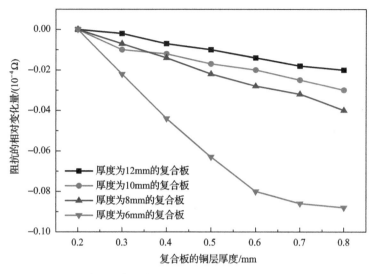

图 8.8　复合板相对阻抗随铜层厚度的变化

4. 复合板综合尺寸因素对复合板阻抗的影响

复合板厚度、宽度及铜层厚度的变化对复合板的电学性能都有影响，从前文分析的单因素影响中可以看出，复合板厚度、宽度和铜层厚度三个因素对复合板电学性能的影响相互关联。因此，分别从复合板厚度和铜层厚度对复合板阻抗的综合影响及复合板厚度和宽度对复合板阻抗的综合影响进行分析。计算时采用的加载电压为 380V，加载频率为 50Hz。

1) 复合板的厚度和铜层厚度对复合板阻抗的综合影响

固定复合板的宽度为 60mm，计算复合板阻抗随复合板厚度和铜层厚度的变化，结果如图 8.9 所示。由图可以看出，随着复合板厚度的增加，复合板的阻抗明显降低，且不同铜层厚度的复合板阻抗随复合板厚度增加而明显降低的趋势相近。当铜层厚度为 0.2mm 时，复合板厚度增加对阻抗的减小影响最大，当铜层厚度为 0.8mm 时，复合板厚度增加对阻抗减小影响最小。而当铜层厚度为 0.6mm、0.7mm、0.8mm，复合板厚度为 10mm 和 12mm 时，复合板的阻抗接近，表明对于 10mm 或 12mm 厚复合板，复合板铜层厚度综合考虑选取为 0.6mm 最优。

当复合板厚度一定，铜层厚度增加时，复合板阻抗也呈降低趋势，复合板的厚度为 6mm 时，铜层厚度对复合板阻抗影响最大，复合板厚度为 12mm 时，铜层厚度对复合板阻抗影响最小。复合板阻抗由于铜层厚度增加而降低的趋势相对于复合板厚度的影响要小。

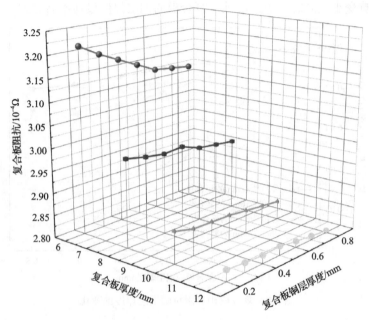

图 8.9   铜铝复合板阻抗与其厚度及铜层厚度的关系

2) 复合板的宽度和厚度对复合板阻抗的综合影响

复合板的铜层厚度固定为 0.5mm，研究复合板宽度和厚度对复合板阻抗的影响。图 8.10 为复合板阻抗随宽度和厚度的变化。由图 8.10 可以看出，复合板的阻抗随着厚度的增加明显下降，在复合板宽度为 60mm 和 65mm 的情况下这种趋势更明显。当复合板厚度一定而宽度变化时，较小厚度时复合板阻抗随宽度增加而降低的趋势更加明显，随着复合板厚度的增加，阻抗随宽度增加而降低的趋势越来越平缓。

复合板厚度及铜层厚度对复合板阻抗的影响代入 $T = \dfrac{R_{相对}}{D_{相对}}$ 中求取各自对阻抗影响的有效值，其中 T 为有效阻抗值，即单位尺度对整体阻抗减少的贡献，$R_{相对}$ 为相对阻抗变化，$D_{相对}$ 为相对尺寸，复合板尺寸和铜层厚度的影响如图 8.11 所示。由图 8.11 中曲线可以看出，当复合板的厚度小时，铜层厚度对阻抗降低的贡献很大，但是当复合板的厚度增大到一定值时，铜层厚度的贡献和复合板整体厚度的贡献相当；当厚度继续增加时，铜层厚度对阻抗减小的贡献越来越小，而复合板厚度的贡献处于恒定状态。对比复合板的厚度及宽度对其阻抗减少的贡献发现，相对于厚度来说，宽度的贡献要小得多。根据计算所得的铜铝复合板这一

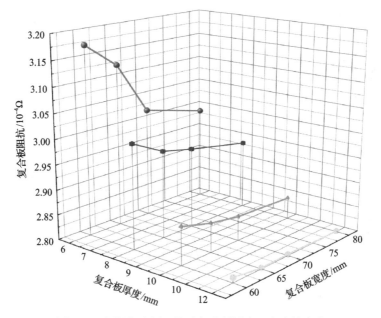

图 8.10　铜铝复合板阻抗随复合板厚度及宽度的变化

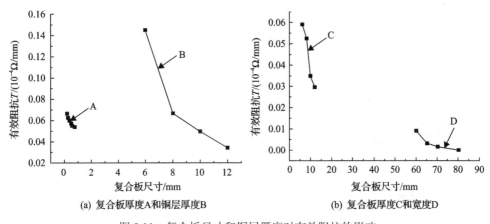

(a) 复合板厚度A和铜层厚度B　　　　　　　　(b) 复合板厚度C和宽度D

图 8.11　复合板尺寸和铜层厚度对有效阻抗的影响

导电特性，同时考虑复合板的经济性，可参考设计铜铝铜复合板的结构尺寸。铜与铝的最佳厚度比为 $\dfrac{2M}{D-2M}=0.2$ 。

图 8.12 为厚度比为 0.2 时，铜层厚度为 0.5mm，复合板厚度为 6mm，加载 380V 电压和 50Hz 电流频率的铜铝复合板的电流等值图。计算得出在此厚度下铜铝复合板表层铜通过的电流为 1197464.307A，通过复合板的总电流为 1264981.381A。铜铝复合板表层铜通过的电流占整个电流的很大比例，比值为 94.7%。

图 8.12　铜层厚度定为 0.5mm 的铜铝复合板的电流等值图

8.1.4　铜铝复合板板型对导电性的影响

除复合板的尺寸及铜层厚度对复合板的导电性有影响外，复合板的外形对复合板的导电能力也有影响。分别计算铜铝复合板、四面覆铜直角边界铜铝复合板和圆边铜铝复合板的截面电荷分布，复合板的外形示意图如图 8.13 所示。

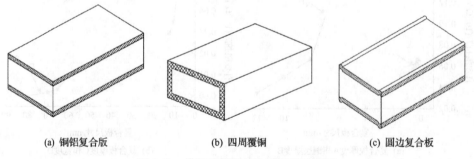

(a) 铜铝复合版　　　　　　　　(b) 四周覆铜　　　　　　　　(c) 圆边复合板

图 8.13　模拟的铜铝复合板外形示意图

加载 380V、50Hz 电场条件下，铜铝复合板、四面覆铜直角边铜铝复合板和圆边铜铝复合板的模拟电荷截面分布情况如图 8.14、图 8.15 和图 8.16 所示。由图 8.14 可以看出，铜铝复合板的电流密度主要分布在复合板的表层，电流密度分布均匀，形状规则而且集中度高。由图 8.15 可以看出，四面覆铜的铜铝复合板电流由 X 方向的中心向两端逐渐减弱，同一 X 位置 Y 方向上电流分布比较均匀；Y 方向上两端端面处电流密度较高，但相对 X 方向两端的电流密度相对要小。X 方向上表层电流密度最大且分布均匀。图 8.16 为圆边铜铝复合板电流密度分布，计算结果显示复合板内的电流分布比较规则；表层电流密度集中度高，在复合板的两端圆边处电流密度下降。形状的不规整性导致电磁场的分布变化较大，从而影响复合板内电流的分布。

　　三种复合板的阻抗比较见表 8.4。通过三种情况的对比可以看出，三种板型复合板阻抗非常接近，圆边双面复合板的阻抗小于直边和四面覆铜的复合板。圆边复合板比同长和宽的直边板表面积大约 1.7%。由此可见，适当地改变板形可以提高电导率，这为复合板达到同尺寸纯铜板电导率创造了条件。

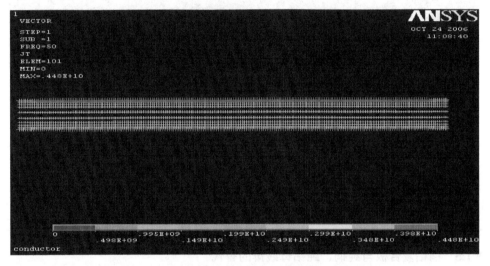

图 8.14　加载 380V、50Hz 铜铝复合板的电流密度分布

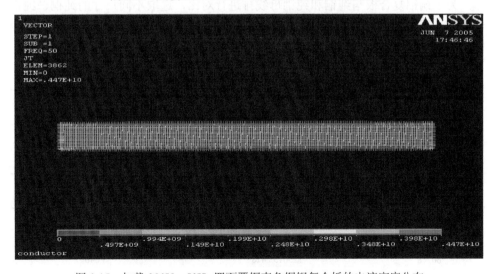

图 8.15　加载 380V、50Hz 四面覆铜直角铜铝复合板的电流密度分布

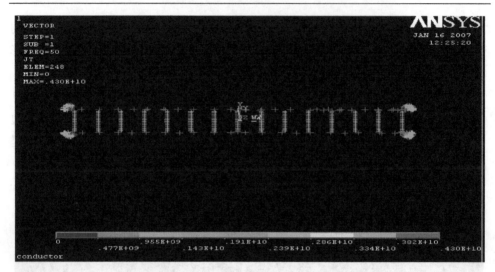

图 8.16　加载电流 380V、50Hz 圆边铜铝复合板的电流密度分布

表 8.4　不同复合板板型的阻抗和表面积之间的比较

复合板板型	复合板总电流/A	复合板阻抗/$10^{-4}\Omega$	复合板的横截面积/mm^2
铜铝复合板	1197464.307	3.173	360
铜铝四面覆铜复合板	1201971.843	3.161	360
圆边铜铝复合板	1212048.511	3.153	366.28

8.1.5　铜铝复合板与纯铜、纯铝母线排的替代

为了铜铝复合板与纯铜和纯铝母线排进行对比，选取不同尺寸的纯铜、纯铝母线排进行计算，加载电压为 380V、频率为 50Hz 的电流，计算纯铜、纯铝母线排的内部涡流场的分布，得到结果见表 8.5 和表 8.6。

表 8.5　纯铜母线排的电流密度和阻抗

铜线排尺寸/mm	母线排上的总电流/A	母线排的阻抗/$10^{-4}\Omega$
60×6	1264981.381	3.003
60×8	1315874.127	2.890
60×10	1352836.897	2.809

表 8.6　纯铝母线排的电流密度和阻抗

铝线排尺寸/mm	母线排上的总电流/A	母线排的阻抗/$10^{-4}\Omega$
60×6	1171093.945	3.244
60×8	1250155.418	3.040
60×10	1302060.033	2.918

对于铜铝复合板，为了和实际工作中使用的铜、铝母线排尺寸相对应，选取宽度为 60mm，厚度分别为 6mm、8mm、10mm、12mm，铜层厚度为 0.4mm 的铜铝铜复合板进行模拟研究。计算得到的复合板阻抗如图 8.17 所示。计算结果表明，复合板阻抗随着复合板厚度的增大而有明显的减小趋势，而且其变化几乎成线性。这表明适当增加复合板的宽度可以提高复合板的导电性，以使其更接近纯铜母线排的导电性。

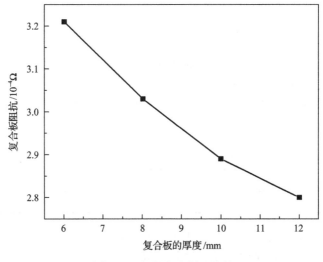

图 8.17　铜铝复合板阻抗值

表 8.7　不同厚度复合板的阻抗与纯铜母线排的比较

复合板厚度/mm	复合板的阻抗/$10^{-4}\Omega$	较纯铜母线排 60mm×6mm 阻抗高出率/%
6	3.1730	5.6
8	3.0081	0.2
10	2.8970	−3.7
12	2.8175	−6.6

表 8.7 和表 8.8 为复合板阻抗与纯铜母线排和纯铝母线排模拟的对比结果。由表 8.7 可以看出，复合板的尺寸为 60mm×6mm、铜层厚度为 0.4mm 的复合板阻抗，与纯铜母线排尺寸为 60mm×6mm 的阻抗的接近率为 94.4%，而 60mm×8mm 的复合板接近率高达 99.8%。复合板厚度再增加，其阻抗已低于纯铜板。由此看出，可以实现铜铝复合板与纯铜母线排的相互替代。表 8.8 表明，同尺寸的铜铝复合板阻抗低于纯铝母线排，其导电性优于纯铝母线排，同样可以采用铜铝复合板来替代纯铝母线排。

表 8.8　不同厚度复合板的阻抗与纯铝母线排导电性的比较

复合板厚度/mm	复合板的阻抗/$10^{-4}\Omega$	较同尺寸纯铝母线排阻抗降低率/%
6	3.1730	2.3
8	3.0081	1.1
10	2.8970	0.7

8.2　服役铜铝复合板电学性能

8.2.1　铜铝复合母线排的电阻

电阻是铜铝复合母线排的一个重要电学性能参数。电阻的大小决定着铜铝复合母线排使用可能性和应用范围。

采用四臂电桥测定复合板的电阻。表 8.9 是铜铝复合板电阻和电阻率。测得电阻后由 $\rho = R \cdot S/L$ 计算出电阻率。

表 8.9　铜铝复合板的电阻率

电阻/Ω	电阻率/$(\Omega \cdot mm)$
0.084825	2.74×10^{-2}

采用工程上常用的回路电阻测试仪和涡流电导仪分别测试铜铝复合板电阻率及电导率。回路电阻测试仪测试方法是：取被测试件，将被试件两端接通 100A 电流，在被测试件通流处测量一定长的电压，通过 $R = U/I$ 计算回路的电阻。涡流电导仪测试值为材质表面电导率，然后计算出电阻率。同时，对国外使用的铜铝复合板进行测试，以示对比。

表 8.10 是回路电阻测试仪和涡流电导仪测得的铜铝复合板及国外铜铝复合板

表 8.10　回路和涡流法测试铜铝复合板的相关数据

测试仪器	相关参数	铜铝复合板		国外材料
回路电阻测试仪	测试长度/m	0.4	1	1
	材料截面积/mm^2	$37 \times 6.2 = 229.4$	$45 \times 6.4 = 288$	$80.3 \times 5 = 401.5$
	测试电阻/$\mu\Omega$	49	103	73
	计算电阻率/$(\mu\Omega \cdot m)$	0.0281015	0.029664	0.0293095
	计算电导率/(mS/m)	35.6	33.7	34.1
涡流电导仪	测试材料表面电导率/(mS/m)	54	53	43
	计算电阻率/$(\mu\Omega \cdot m)$	0.018518	0.018868	0.023256

的电阻率和电导率。表 8.1 是铜和铝的电阻率及电导率。由表 8.10 和表 8.1 的电学性能对比可以看出，制备铜铝复合板电阻率与国外材料相比，性能基本相当，部分优于国外用铜铝复合母线排。采用涡流电导仪测得的复合板表面电阻率同常规的铝线排相比，复合板的电阻率降低了 32%；与纯铜相比，电阻率高 7%。说明复合板的导电性能远高于纯铝而接近纯铜。

8.2.2　温度和时间对复合母线排电导率的影响

图 8.18 是不同时间和热处理温度下的铜铝复合板电导率。由图 8.18 可以看出，150℃、250℃、300℃和 400℃热处理对铜铝复合板电导率的影响基本相同，随着热处理时间的增加，复合板的电导率先升高而后降低。经 250℃热处理铜铝复合板的电导率最高。150℃热处理时，在 50h 左右，铜铝复合板的电导率达到最大值，为 85.9%IACS；250℃热处理时，在 20h 左右达到复合板电导率的最大值，为 94.5%IACS，在 10h 左右复合板电导率为 93.8%IACS；300℃热处理时，在 5h 左右达到复合板电导率的最大值，为 91.8%IACS；400℃热处理时，在 0.5h 左右达到复合板电导率的最大值，为 89.0%IACS。纯铜的相对电导率为 103.06%IACS，T2 铜的导电率是 97%IACS，纯铝的电导率是退火铜的 64%。铜铝复合板电导率随热处理时间的变化是因为铜铝金属间化合物的电导率小于纯铜，从不同温度热处理复合板电导率的变化可以看出，随着界面铜铝元素扩散均匀化的提高，复合板的电导率提高，而金属间化合物产生后，铜铝复合板的电导率开始降低，铜铝金属间化合物数量明显增加，电导率下降得更明显。150℃热处理时，因为铜铝元素互扩散不明显，复合界面的互扩散情况与轧制热退火的作用相当，结合面可能没有完全达到冶金结合，所以总体电导率较低。

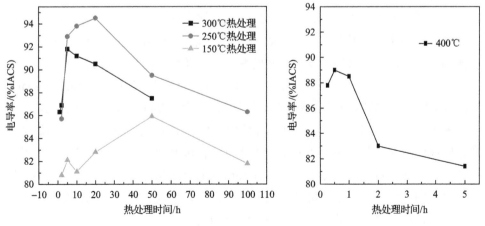

图 8.18　不同时间和热处理温度下的铜铝复合板电导率

热处理时间对铜铝复合板电导率的影响如图 8.19 所示。由图可以看出，在相同时间热处理条件下，热处理温度从 150℃提高到 250℃，铜铝复合板的电导率显著提高，而温度从 250℃提高到 300℃时，铜铝复合板的电导率开始降低，而 400℃热处理的复合板电导率低于同时间 300℃热处理的电导率，而且除 2h 热处理情况外，不同热处理时间对铜铝复合板的电导率影响基本相同。热处理时间对铜铝复合板电导率变化速度影响最快的是 10h 和 20h 热处理时长。

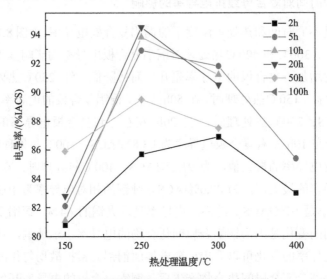

图 8.19　不同热处理时间下铜铝复合板电导率

8.2.3　电流对铜铝复合母线排温升影响

温升是导电用母线排的一个重要参数，它是母线排能否稳定工作的依据。电力系统中高压开关柜等高压设备的母线在载流过大时经常温升过高，而使相邻的绝缘部件性能劣化，甚至击穿而造成事故。母线排的温升是指母线排在通入一定电流的情况下，母线排的温度随时间的变化规律及最终的稳定温度。

母线排温升测试中，纯铝母线排和铜铝复合板的尺寸为 5mm×30mm×500mm（板厚×板宽×板长），纯铜母线排的尺寸为 4.5mm×30mm×500mm。

图 8.20～图 8.24 分别是铜铝复合板通入 180～480A 电流时，复合板的温度随通电时间的变化。从图中可以看出，铜铝复合板温升速率比纯铝母线排的温升速率要小，和纯铜母线排的相差不大，而且通入的电流越大，这种趋势越明显。铜铝复合板的最终稳定温度比纯铝母线排要小得多，和纯铜接近。尤其是在通入较大电流时，铜铝复合板的温升性能和纯铜更加接近。

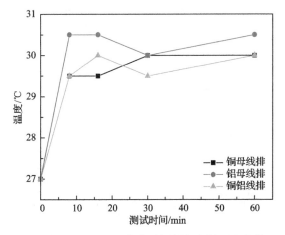

图 8.20　通入 180A 电流时铜铝复合板温度变化

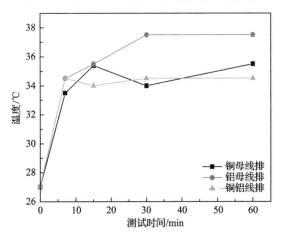

图 8.21　通入 240A 电流时铜铝复合板温度变化

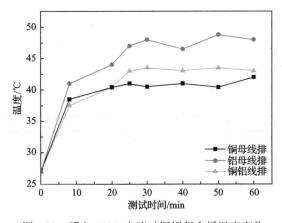

图 8.22　通入 300A 电流时铜铝复合板温度变化

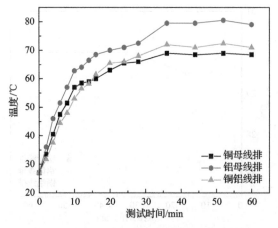

图 8.23　通入 420A 电流时铜铝复合板温度变化

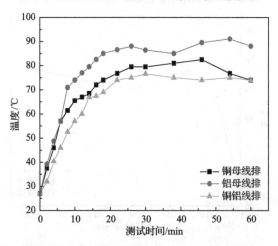

图 8.24　通入 480A 电流时铜铝复合板温度变化

表 8.11 是纯铜母线排、纯铝母线排及铜铝复合母线排在通入不同电流时的最高温升以及达到最高温度的时间。由表中的数据可以看出，铜铝复合板母线排的最高温升比纯铝要小得多；考虑到纯铜母线排的厚度略小，铜铝复合板母线排的最高温升和纯铜母线排接近，尤其是随着通入电流的增大，这种趋势越来越明显。

表 8.11　母线排在不同电流时的最高温升及达到最高温度的通电时间

种类	通入电流/A	最高温升/℃	达到最高温升通电时间/min
	180	3	30
	240	7.5	8
纯铜母线排	300	16.3	30
	420	41	36
	480	49	30

种类	通入电流/A	最高温升/℃	达到最高温升通电时间/min
纯铝母线排	180	3.5	8
	240	10.5	30
	300	21.8	50
	420	54	54
	480	65	55
铜铝复合母线排	180	3	60
	240	8.3	16
	300	15	60
	420	45	36
	480	55.5	46

8.3 铜铝复合板受热条件下力学性能

8.3.1 受热条件对复合板硬度的影响

为了研究受热条件对铜铝复合板硬度的影响,对复合板进行布氏硬度性能测试。

首先对铸轧态的铜铝复合板进行布氏硬度测试,测得硬度为 73.67HB。不同受热温度和时间铜铝复合板的布氏硬度如图 8.25 所示。

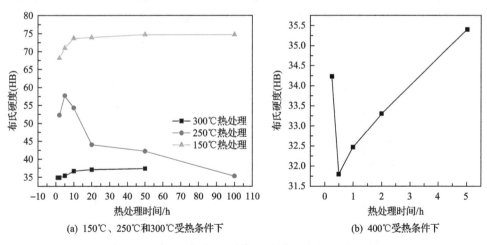

(a) 150℃、250℃和300℃受热条件下   (b) 400℃受热条件下

图 8.25 复合板的布氏硬度

由图 8.25 可以看出,150℃受热的铜铝复合板表面布氏硬度最高,而 400℃受热的铜铝复合板表面布氏硬度最低,低于 300℃铜铝复合板硬度的最小值。

150℃受热时，在 100h 左右，铜铝复合板的硬度达到最大值，为 75.23HB；250℃受热时，在 5h 左右达到复合板硬度的最大值，为 57.70HB；300℃受热时，在 50h 左右达到复合板硬度的最大值，为 37.4HB；400℃受热时，在 5h 左右达到复合板硬度的最大值，为 35.4HB。金属间化合物的硬度均比铜和铝高得多，所以金属间化合物的产生对铜铝复合板的表面硬度有影响。在 150℃受热时，随着时间从 2h 增加到 10h，铜铝复合板的残余应力降低，铜铝元素相互扩散，铜铝复合板的表面硬度明显提高，而时间从 10h 增加到 100h，复合板的铜铝元素互扩散变化不大，硬度变化也不大。在 250℃受热时，铜铝复合板的硬度在 5h 左右达到最大值，此时铜铝元素充分扩散，然后随着受热时间的增加，尽管有金属间化合物产生，但铜铝进入软化退火状态，复合板的硬度开始明显下降；与 150℃受热复合板的硬度相比，硬度因受热温度的提高而明显下降。在 300℃受热时，铜铝复合板的元素扩散能力更强，金属间化合物大量产生，但随着受热时间的增加，铜铝复合板的硬度不仅没有降低，反而出现了增加；在 400℃受热时，由于受热温度高，复合板的软化更明显，同样是因为铜铝金属间化合物的出现，铜铝复合板硬度在 0.5h 受热时出现了下降，然后硬度又开始升高。

图 8.26 是受热时间对铜铝复合板布氏硬度的影响。由图可以看出，在不同的保温时间，当温度从 150℃变化到 400℃，铜铝复合板的硬度先在 250℃左右明显下降，到 300℃左右时，硬度变化比较相近；在 400℃，2h 和 5h 受热的硬度稍有增加。250℃受热对铜铝复合板的硬度影响最大。

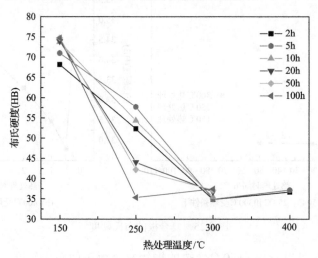

图 8.26　受热时间对铜铝复合板布氏硬度的影响

8.3.2 受热条件对复合板拉伸性能的影响

1. 铜铝复合板拉伸性能

首先对铸轧态的铜铝复合板进行拉伸性能测试。轧制态铜铝复合板的抗拉强度为 238.65MPa，延伸率为 13%。

不同受热温度和时间对复合板抗拉强度影响如图 8.27 所示。由图可以看出，经 250℃、5h 受热后的铜铝复合板抗拉强度最大，为 240.53MPa，而 300℃、1h 受热后的铜铝复合板抗拉强度最小，为 129.49MPa。对复合板抗拉强度影响最大的受热温度为 250℃，随着受热时间的延长，复合板的抗拉强度先明显上升而后显著下降。150℃受热时，随着保温时间的变化，复合板的抗拉强度变化不大，而在 300℃和 400℃受热时，随着保温时间的延长，复合板的抗拉强度先增加而后减小，性能波动不大。铜铝复合板铝层占总厚度的 85%左右，而两侧的铜层合占 15%左右，铜铝复合板中铝层相当于骨架，受热对铜铝复合板的抗拉强度的影响类似于对轧制铝板的影响。

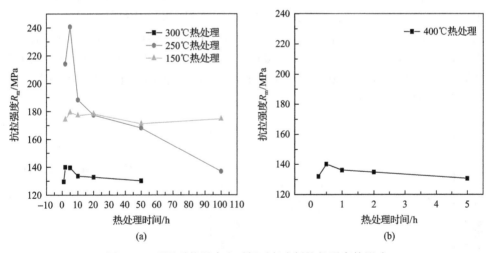

图 8.27　不同受热温度和时间对复合板抗拉强度的影响

图 8.28 是受热时间对铜铝复合板抗拉强度的影响。由图 8.28 可以看出，受热时间为 2h、5h、10h 不同温度受热时，复合板的抗拉强度先明显增加而后明显减小；而 20h 和 50h 受热时，复合板的抗拉强度在 150℃和 250℃变化不大，到 300℃，抗拉强度明显下降；100h 不同温度受热后复合板的抗拉强度直接开始下降。

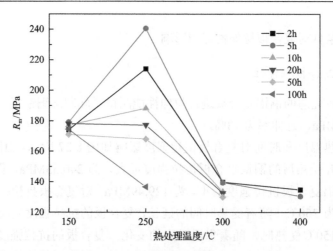

图 8.28　受热时间对铜铝复合板抗拉强度的影响

　　不同受热温度和时间对铜铝复合板延伸率影响如图 8.29 所示。由图 8.29 可以看出，不同受热温度条件下，随着受热时间的增加，铜铝复合板的延伸率基本都呈上升趋势。仅在 150℃和 250℃，受热时间由 2h 到 5h 时，复合板的延伸率出现了一个下降的趋势，而在 5h，150℃和 250℃受热时，复合板的抗拉强度是两个受热温度上抗拉强度的最大值。150℃、250℃、300℃受热 10h 以上，复合板的延伸率随时间的延长而明显上升。对比 300℃长时间受热和 400℃短时间受热，400℃高温受热的时间短，而 300℃受热时间长，铜铝复合板的软化效果基本相当，因此复合板的延伸率变化不大。

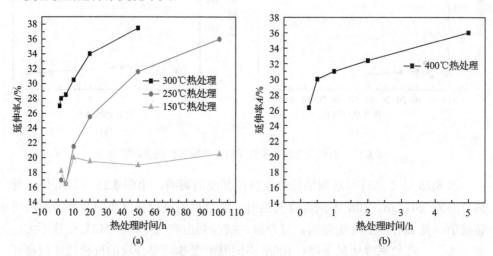

图 8.29　不同受热温度和时间对铜铝复合板延伸率的影响

图 8.30 是受热时间对铜铝复合板延伸率的影响。由图可以看出，随着受热温度提高到 300℃和 400℃，铜铝复合板延伸率显著提高，这与复合板的抗拉强度变化是对应的。长时间受热对铜铝复合板的延伸率影响较大。

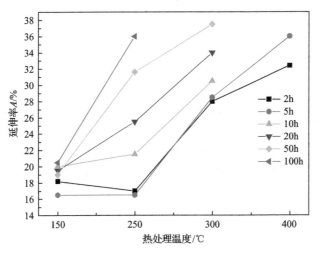

图 8.30 受热时间对铜铝复合板延伸率的影响

2. 铜铝复合板整板拉伸断口形貌

铸轧态铜铝复合板的拉伸断口形貌如图 8.31 所示。由图可以看出，复合板的断口由大量的韧窝组成。

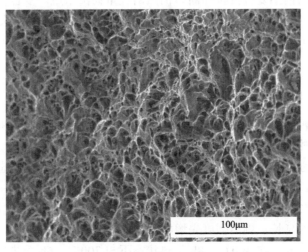

图 8.31 铸轧态铜铝复合板拉伸断口形貌

对经 150℃保温 10h、250℃保温 10h、300℃保温 10h 和 400℃保温 5h 的铜铝

复合板拉伸断口进行观察。不同受热条件下的复合板断口形貌如图 **8.32** 所示。

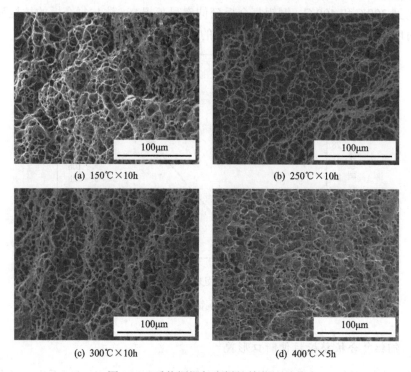

(a) 150℃×10h　　　　　　　　　(b) 250℃×10h

(c) 300℃×10h　　　　　　　　　(d) 400℃×5h

图 8.32　受热铜铝复合板拉伸断口形貌

　　经受热后的铜铝复合板拉伸断口仍然由大量韧窝组成。复合板的骨架是铝，复合板拉伸后的断口和轧制铝的拉伸断口相似，大量的韧窝说明复合板具有良好的塑性。在 300℃和 400℃受热后的拉伸试验中，由于复合板的延伸率比轧制态和低温受热的大，拉伸断裂时，铜层出现了与铝分离的现象。

8.3.3　受热条件对复合板剥离强度的影响

　　铜铝复合板的界面结合性能是复合板性能的重要指标之一。采用剥离强度表征铜铝结合面的性能。

　　利用剥离强度测定装置测定在 250℃、300℃和 350℃受热状态下，铜铝复合板的剥离强度，受热状态与剥离强度的关系如图 8.33 所示。从图中可以看出，在三个受热温度（250℃、300℃、350℃）下剥离强度随受热时间的变化趋势大体相同，随着受热时间的延长，剥离强度先增加后减小。在 300℃、6h 时，剥离强度达到最大值为 1803N/m，在 300℃、8h 受热状态下与 300℃、6h 受热状态下的复合板的剥离强度比较接近，为 1786.3N/m。

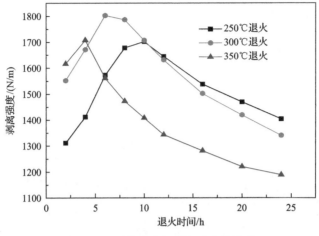

图 8.33　受热状态与剥离强度的关系

250℃受热铜铝复合板剥离后铝侧的表面形貌如图 8.34 所示。从图中可以看出，经过 250℃的受热，剥离后铜铝复合板的铝层出现白色的撕裂棱，这表明在 250℃受热会使铜铝元素发生扩散，铜铝复合板由最初的机械结合变为冶金结合。在 250℃受热时，随着受热时间的增加，铝侧撕裂棱的数量增加，说明扩散程度发生了变化，受热时间对扩散程度有影响。

图 8.34　250℃受热铜铝复合板剥离后铝侧表面形貌

250℃受热后的铜铝复合板剥离后铜侧表面形貌如图 8.35 所示。与 250℃受热后的铜铝复合板剥离后铝侧的形貌不同，铜侧表面出现较多的平台，并且撕裂棱减少。随着受热时间的延长，铜铝复合界面的扩散程度增加，剥离后铜侧出现了明显的撕裂棱，在 20h 时撕裂棱的周围出现变形较大的撕裂坑。撕裂棱和撕裂坑的出现说明铜铝元素互扩散明显，提高了复合板的结合强度。

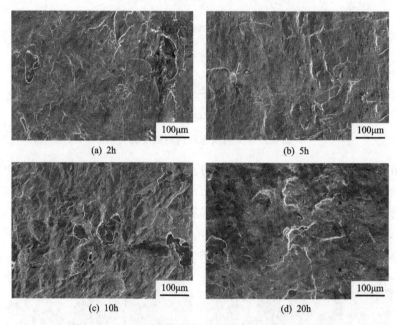

(a) 2h

(b) 5h

(c) 10h

(d) 20h

图 8.35　250℃受热铜铝复合板剥离后铜侧表面形貌

为了进一步分析剥离后的铜、铝元素扩散情况，对 250℃、20h 受热铜铝复合板剥离后的铜表面和铝表面进行 EDS 分析。250℃、20h 受热铜铝复合板剥离后能谱如图 8.36 所示。在铝侧，250℃、20h 受热的撕裂棱处有一定量的铜元素，平台也存在铜元素；而在铜侧，撕裂棱处出现铝元素，平台处也有铝元素存在，这表明在 250℃受热时铜铝元素互扩散明显。

300℃不同时间受热铜铝复合板剥离后铝侧表面形貌如图 8.37 所示。由图可以看出，经 300℃受热铜铝复合板剥离后，撕裂棱的数量与 250℃受热时相比有了明显增加。随着受热时间的延长，撕裂棱的数量也增加，同时有连续的白色撕裂区域出现。但在 300℃受热铜铝复合板剥离后，铝侧出现了少量细小的裂纹，分布在撕裂棱的周围。

300℃不同时间受热铜铝复合板剥离后铜侧表面形貌如图 8.38 所示。由图可以看出，经 300℃受热铜铝复合板剥离后，铜侧的撕裂棱数量多于 250℃受热，表明铜、铝元素的扩散程度增加。同时，在铜侧出现的裂纹数量也多于 250℃受热，

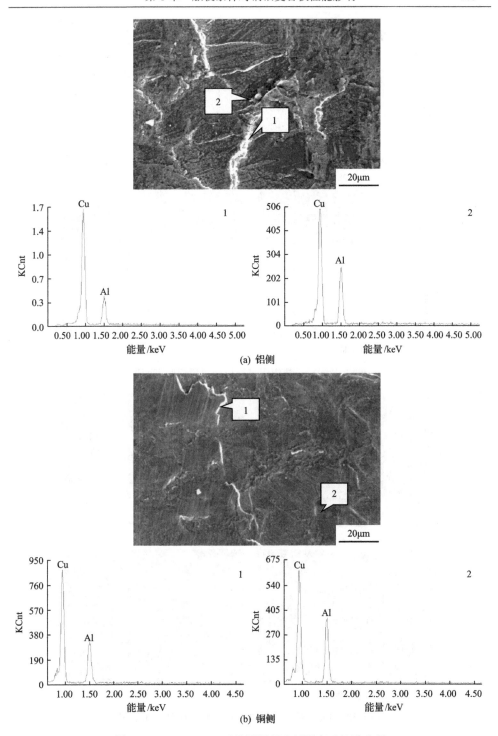

图 8.36　250℃、20h 受热铜铝复合板剥离后能谱分析

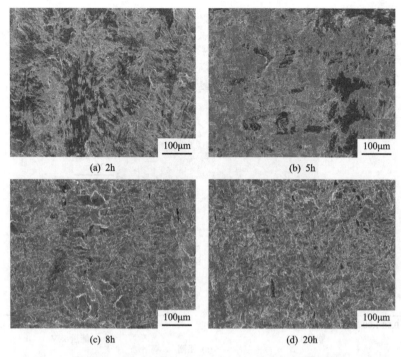

图 8.37 300℃受热铜铝复合板剥离后铝侧表面形貌

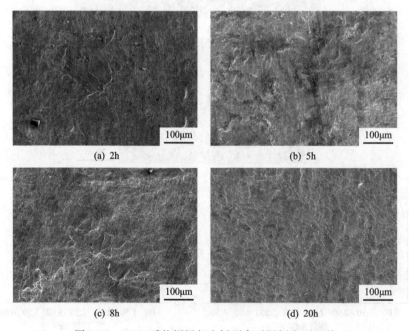

图 8.38 300℃受热铜铝复合板剥离后铜侧表面形貌

裂纹大小大于 250℃受热。由于冶金结合的加强,在 12h 受热时间内 300℃受热铜铝复合板的结合强度大于 250℃受热铜铝复合板的结合强度。

　　300℃、20h 受热铜铝复合板剥离后铜、铝侧能谱分析如图 8.39 所示。与 250℃受热时相比,铜铝复合板的铝侧在 300℃受热时撕裂棱的数量有了明显增加,通过能谱分析撕裂棱处的元素含量,发现撕裂棱处的铜元素含量比 250℃、20h 时有了一定降低,对平台处的元素含量进行分析,发现此处铜元素含量明显提高;而在铜侧,通过能谱分析发现,撕裂棱处有一定数量的铝元素,而平台处的铝元素则数量明显降低。复合板剥离后铜侧的裂纹更加明显。对比 250℃、20h 扩散受热状态下铜侧、铝侧的元素分布,300℃、20h 扩散受热状态下扩散元素铜、铝主要集中在撕裂棱处,在此状态下铜铝金属间化合物开始大量产生。

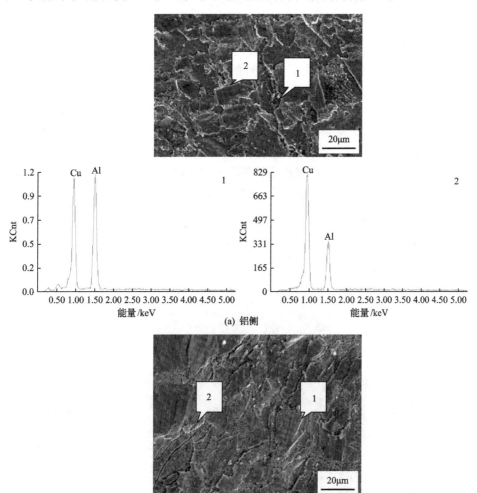

(a) 铝侧

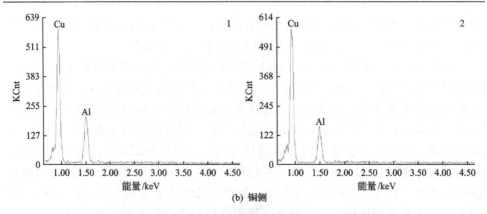

(b) 铜侧

图 8.39　300℃、20h 受热铜铝复合板剥离后能谱分析

　　350℃不同时间受热铜铝复合板剥离后铝侧表面形貌如图 8.40 所示。由图可以看出，随着受热时间的延长，撕裂棱的数量增加，铜、铝扩散程度增加。特别是经过 350℃、8h 受热，剥离后的铝侧撕裂棱密集存在，同时在铝层出现少量裂纹。在此状态下产生大量金属间化合物，造成复合板的结合强度明显下降。

　　350℃受热不同时间铜铝复合板剥离后铜侧表面形貌如图 8.41 所示。由图可以看出，铜侧剥离表面有大量撕裂棱存在，随着受热时间的延长，撕裂棱数量明显增加，在 350℃、8h 时开始出现裂纹，随着受热时间延长裂纹也明显增大，特别是在 350℃、15h 受热的铜侧剥离表面，出现连续长条状裂纹，这表明冶金结合的程度进一步加深，此时铜铝复合板的扩散界面产生大量金属间化合物，使复合板的结合力减小。

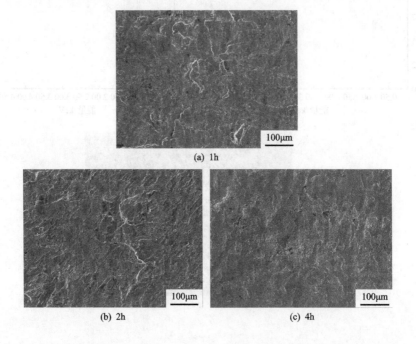

(a) 1h

(b) 2h　　　　　　　　　(c) 4h

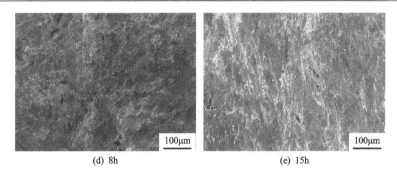

(d) 8h　　　　　　　　　　　　　　(e) 15h

图 8.40　350℃受热不同时间铜铝复合板剥离后铝侧表面形貌

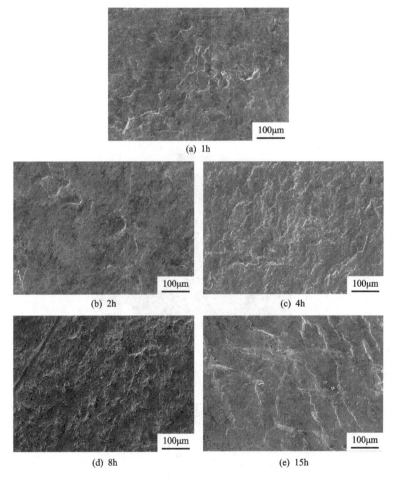

(a) 1h

(b) 2h　　　　　　　　　　　　　　(c) 4h

(d) 8h　　　　　　　　　　　　　　(e) 15h

图 8.41　350℃受热不同时间时铜铝复合板剥离后铜侧表面形貌

　　350℃、15h受热时铜铝复合板剥离后能谱分析如图 8.42 所示。在铝侧，撕裂棱和平台处都有大量的铜元素出现，350℃受热时，铜元素的扩散能力增强；而在

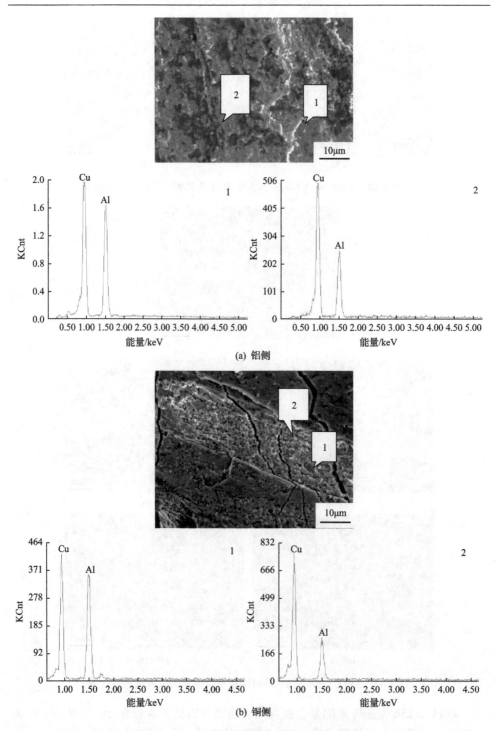

图 8.42　350℃、15h 受热铜铝复合板剥离后能谱分析

铜侧平台处和撕裂棱都有一定数量的铝元素存在,且平台处的铝元素多于撕裂棱处。对比 300℃、20h 受热时元素分布情况,在 350℃、15h 受热时,除了大量形成铜铝金属间化合物,元素扩散程度也进一步增加。在铜侧,局部放大的裂纹更加清晰。

8.4　铜铝复合板的腐蚀

广义上来说,任何材料(金属或非金属材料)受到周围环境因素(如湿气、水、化工大气、电解液、有机溶剂、酸、碱等)的作用都会产生破坏或变质的现象。铜铝复合板作为各大行业应用中的组成构件,在使用过程中长期暴露于各类环境下,随着应用时间的延长经常会面临腐蚀的危害[1],这不仅会造成巨大的经济损失,还会引发灾难性事故[2]。铜铝复合板经过加工复合在一起之后,由于原子之间的相互扩散作用,铜原子和铝原子在加工过程中高温的情况下发生向对方扩散的现象,通常在界面处易形成铜铝金属间化合物,这些金属间化合物除了与基体之间存在电位差异,有的金属间化合物的化学性能不稳定,很容易受到侵蚀性物质的腐蚀作用,这些因素使得材料表面组织分布不均匀、电位不均匀、易产生缺陷,再加上潮湿的工作环境,使材料发生腐蚀的概率升高。这也导致这种新型材料在大气中服役能力备受质疑,本节着重介绍铜铝复合材料的腐蚀机理、腐蚀行为与外界条件对腐蚀产生的影响。

8.4.1　铜铝复合板的腐蚀机理

1. 化学腐蚀

金属化学腐蚀是材料与接触的物质直接发生氧化还原反应而被氧化损耗的过程。化学腐蚀原理比较简单,属于一般的氧化还原反应。在服役环境中,铜铝复合材料表面常常会发生化学腐蚀。铜是不太活泼的重金属元素,在常温下不与干燥空气中的氧反应,只有在加热的条件下才会发生氧化反应,合成黑色的氧化铜(CuO)。而铝是较为活泼的金属,具有较强的还原性,在空气中易与氧气发生氧化反应,生成均匀致密的氧化物薄膜覆盖在金属表面,对金属基体起到较好的保护作用。图 8.43 为铜铝复合材料在干燥环境中的宏观表面形貌,可以看到金属铜与铝表面均覆盖了一层金属氧化物,形成的金属氧化物均匀且致密,对金属基体起到很好的保护作用。此时发生的反应方程式有

$$2Cu + O_2 \longrightarrow 2CuO \tag{8.1}$$

$$4Al + 3O_2 \longrightarrow 2Al_2O_3 \tag{8.2}$$

此外，金属还可能与大气中具有侵蚀性的物质发生化学反应，从单质状态被腐蚀成化合物，此时发生的反应会对金属造成破坏，大气中常见的腐蚀介质包含一些卤族元素(F、Cl、Br、I、At、Ts)，其中的氯元素对铜和铝的侵蚀作用最为显著，在充满氯气的化学环境中发生的反应有

$$2Al + 3Cl_2 \longrightarrow 2AlCl_3 \tag{8.3}$$

$$Cu + Cl_2 \longrightarrow CuCl_2 \tag{8.4}$$

图 8.43　铜铝复合板宏观表面形貌

2. 电化学腐蚀

1) 铜铝复合板电化学腐蚀基本原理

不纯的金属与电解质溶液接触时，会发生原电池反应，比较活泼的金属失去电子而被氧化，这种腐蚀称为电化学腐蚀。电化学腐蚀也可理解为金属材料与电解质溶液接触，通过电极反应产生腐蚀。电化学腐蚀反应是一种氧化还原反应。在反应中，金属失去电子而被氧化，其反应过程称为阳极反应过程，反应产物是进入介质中的金属离子或覆盖在金属表面上的金属氧化物(或金属难溶盐)；介质中的物质从金属表面获得电子而被还原，其反应过程称为阴极反应过程。在阴极反应过程中，获得电子而被还原的物质习惯上称为去极化剂。在均匀腐蚀时，金属表面上各处进行阳极反应和阴极反应的概率没有显著差别，进行两种反应的表面位置不断地随机变动。如果金属表面有某些区域主要进行阳极反应，其余表面区域主要进行阴极反应，则前者称为阳极区，后者称为阴极区。阳极区和阴极区组成了腐蚀电池。直接造成金属材料破坏的是阳极反应，故常采用外接电源或用导线将被保护金属与另一块电极电位较低的金属相连接，以使腐蚀发生在电位较

低的金属上。铜铝复合板的合成对金属铜来说就起到了保护作用，而与此同时也加速了金属铝腐蚀的发生。

铜铝复合板界面处形成的腐蚀电池的阳极为纯铝和金属间化合物，而阴极为纯铜，又由于它们之间紧密接触，腐蚀不断进行。而在阳极纯铝的腐蚀过程中，由于潮湿电解质的存在，阳极反应还是铝失去电子的过程：

$$Al \longrightarrow Al^{3+} + 3e^- \tag{8.5}$$

阴极变成了吸氧腐蚀或析氢腐蚀，铜铝复合板在酸性很弱或中性溶液里，空气里的氧气溶解于金属表面水膜中而发生的电化学腐蚀氧吸氧腐蚀，发生的反应方程式为

$$O_2 + 2H_2O + 4e^- \Longrightarrow 4OH^- \tag{8.6}$$

在酸性较强的溶液中发生电化学腐蚀时放出氢气，这种腐蚀称为析氢腐蚀，发生的反应方程式为

$$2H^+ + 2e^- \Longrightarrow H_2 \tag{8.7}$$

2) 铜铝复合板电化学腐蚀行为

铜铝复合板电化学腐蚀中包含腐蚀热力学和腐蚀动力学。腐蚀热力学是阐述金属发生腐蚀的根本原因，是判断腐蚀能否进行的判据。这里定义腐蚀反应自由能为 $(\Delta G)_{T,P}$，当 $(\Delta G)_{T,P} < 0$ 时，腐蚀可能发生，$(\Delta G)_{T,P}$ 值越负反应可能性越大；当 $(\Delta G)_{T,P} = 0$ 时，反应处于平衡状态；当 $(\Delta G)_{T,P} > 0$ 时，腐蚀不可能发生。但是腐蚀热力学只能用来判断腐蚀发生的可能性，并不能定量分析腐蚀速率等问题，而腐蚀动力学能够实现这一问题。目前对于铜铝复合板的腐蚀动力学研究基于简单电极，以此分析电极过程步骤，导入"极化"概念和计算腐蚀速率等。腐蚀动力学基本方程式为

$$\eta = f(i) \quad 或 \quad E = E_e + f(i) \tag{8.8}$$

式中，η 表示过电位；E 表示极化电位；E_e 表示平衡电位；i 表示交换电流密度。

图 8.44 为铜铝复合板在盐雾环境下腐蚀 48h 后的极化曲线。试验测得的铜铝复合板自腐蚀电流密度为 $4.92\mu A/cm^2$，自腐蚀电位为 $-926.907mV$，其中 E_b 表示击穿电位，当通过铜铝复合板的电流超过这点时，材料表面开始发生腐蚀。自腐蚀电流密度和自腐蚀电位的大小代表腐蚀发生的速率，自腐蚀电流密度越大代表腐蚀速率越大，而自腐蚀电位越低腐蚀速率越大。

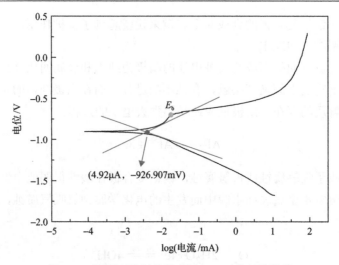

图 8.44　铜铝复合板盐雾腐蚀 **48h** 后的极化曲线

　　除极化曲线之外，电化学交流阻抗也是用来描述腐蚀的重要参数，图 8.45 为在盐雾环境下，铜铝复合板随着腐蚀时间延长交流阻抗的变化趋势。在图 8.45 中，每条曲线均包含一个容抗弧，容抗弧的半径大小可以代表腐蚀的程度，容抗弧半径越大，腐蚀程度越小。在腐蚀前 **3h** 的过程中，容抗弧半径随着腐蚀时间延长呈现减小的趋势，说明腐蚀程度在逐渐加深，这是由于盐雾中的氯离子对铜铝复合板具有侵蚀作用。

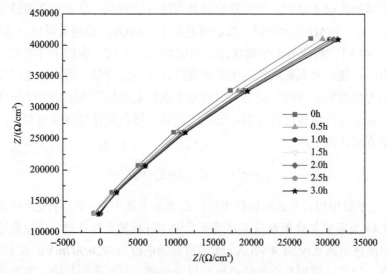

图 8.45　盐雾腐蚀环境下铜铝复合板交流阻抗图

等效电路模型是电化学过程的描述，进行等效电路模型的阻抗响应一致性和电化学过程结构性质一致性检验是等效电路模型解析方法必不可少的一个步骤。图 8.46 为几种常见的等效电路,图 8.46 (a)、(b)、(c) 分别代表电荷转移过程、扩散过程和吸附过程。但建立等效电路模型和解析参数并不是最终的目标,深入认识电极过程机构和计算电极过程参数才是最终目标。根据拟合的 R_{pore}、R_t 变化计算腐蚀速率,分析腐蚀机理,还可以根据 C_{dl} 数据计算覆盖率分析界面吸附动力学和分析吸附构型。此外,再根据等效电路结构变化分析涂层失效过程,评价涂层防护性能。

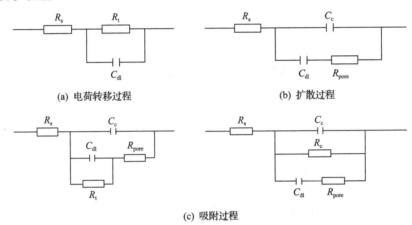

(a) 电荷转移过程　　　　　　(b) 扩散过程

(c) 吸附过程

图 8.46　几种常见的等效电路

8.4.2　铜铝复合材料的腐蚀行为

铜铝复合材料在大气中的腐蚀行为往往是多样性的,不能简单归纳为某一腐蚀类型。因为铜铝复合材料本身会在复合界面处形成电偶对,服役过程中往往还会受到介质中侵蚀性离子或应力作用,因此其腐蚀机理也相对复杂。本书在对铜铝复合材料进行盐雾暴露试验的过程中,观察到铜铝复合材料的腐蚀行为包括点蚀、全面腐蚀、电偶腐蚀以及缝隙腐蚀共四种腐蚀行为,并针对铜铝复合材料应力腐蚀的敏感性进行测试,本节对这部分内容进行简要介绍。

1. 点蚀

点蚀(pitting corrosion)又称为小孔腐蚀或孔蚀,是指金属的大部分表面不发生腐蚀或腐蚀很轻微,但局部出现腐蚀小孔并深入到金属内部的腐蚀形态。点蚀是破坏性和隐患最大的腐蚀形态之一,仅次于应力腐蚀断裂。它在失重很小的情况下,就会发生穿孔破坏,造成介质流失,设备报废。此外,在受应力情况下作为应力腐蚀源,会诱发腐蚀断裂。

点蚀形貌是多种多样的，如图 **8.47** 所示，有的窄深，有的宽浅，有的蚀孔小（一般直径只有数十微米）且深（深度大于或等于孔径），分布在金属表面上，有的较分散，有的较密集。孔口多数有腐蚀产物覆盖，少数呈开放式（无腐蚀产物覆盖）。通常认为，小孔的形状既与蚀孔内腐蚀溶液的组成有关，也与金属的性质、组织结构有关。

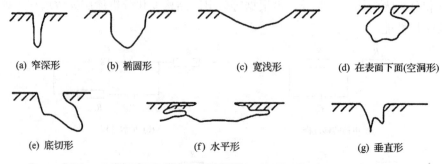

(a) 窄深形　　　(b) 椭圆形　　　　　(c) 宽浅形　　　　(d) 在表面下面(空洞形)

(e) 底切形　　　　　　(f) 水平形　　　　　　(g) 垂直形

图 8.47　点蚀形貌示意图（ASTMG46-1976）

铜铝复合材料在盐雾环境下的腐蚀初期，铝基体上会萌生许多点蚀，如图 **8.48** 所示。广义上来说，这种点蚀的发生可分为如下四步：①Cl^-在铝基体表面钝化膜上发生吸附；②吸附的 Cl^- 和钝化膜中 Al^{3+} 发生化学反应；③溶解造成铝的钝化膜减薄，或 Cl^- 扩散进入钝化膜内部；④Cl^- 直接攻击裸露的铝基体。

图 8.48　铜铝复合材料在盐雾环境下的腐蚀初期 SEM 图像

2. 全面腐蚀[3]

全面腐蚀又称均匀腐蚀（相对），是指腐蚀发生在材料的全部或大部分面积上，生成或不生成腐蚀产物膜。它包括无膜腐蚀与成膜腐蚀两类。无膜腐蚀是指在均匀腐蚀过程中，无腐蚀膜产生，腐蚀以一定的速度连续进行下去，生成腐蚀化合物。这种金属/环境的组合是没有实用价值的，如铁或锌在盐酸中短期就会全部变成氯化铁或氯化锌。显然，由于铝易钝化的特征，这种腐蚀类型不会发生在铜铝复合材料上。若在全面腐蚀的过程中有腐蚀膜生成则称为成膜腐蚀。若生成的腐蚀膜极薄，且是钝化膜，如不锈钢、铬、铝等在氧化环境中产生的氧化膜，则通常具有较优异的保护性。在全面腐蚀中，均相电极(纯金属)或微观复相电极(均匀的合金与复合材料)的自溶解过程都表现出这类腐蚀形态。

　　铜铝复合材料在盐雾环境中暴露较长时间后，铝基体表面便产生了具有此类特征的全部腐蚀行为，如图 8.49 所示。由图可见，在 SEM 成像下，铝基体表面产生了大量白亮色腐蚀产物，钝化膜遭到全面侵蚀破坏。全面腐蚀在铜铝复合材料的腐蚀初期不会出现，但是随着暴露时间的延长，铝基体的局部腐蚀造成钝化膜大面积破坏，使基体越来越多地暴露在盐雾状态下，最终导致全面腐蚀的发生。

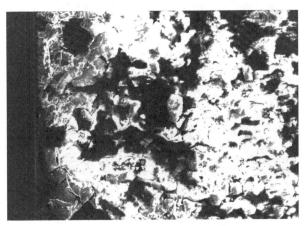

图 8.49　铜铝复合板全面腐蚀 SEM 图像

3. 电偶腐蚀

　　当两种电极电位不同的金属相接触并放入电解质溶液中时，即可发现电势较低的金属腐蚀加速，而电势较高的金属腐蚀减慢(得到了保护)。这种在一定条件(如电解质溶液或大气)下产生的电化学腐蚀，即由同电极电位较高的金属接触而引起材料腐蚀速率增大的现象，称为电偶腐蚀(galvanic corrosion)或异金属腐蚀、接触腐蚀[3]。在工程技术中，经常采用不同的材料组合，因此电偶腐蚀是一种常见的局部腐蚀类型。例如，黄铜零件接到一个镀锌的钢管上，则连接面附近的锌镀层变成阳极而被腐蚀，接着钢也逐渐产生腐蚀，黄铜在此电偶中作为阴极而得到保护。有时虽然两种不同的金属没有直接接触，但在某些环境中也有可能形成电偶腐蚀。例如，在海水中，海船的青铜螺旋桨可引起深达数十米处的钢制船身发生腐蚀，这是由于海水具有良好的导电性，海水腐蚀的电阻性阻滞很小。电偶腐蚀主要发生在不同材料互相接触的边线附近，而在远离边线区域，腐蚀程度要轻得多。若接触面上同时存在缝隙，缝隙内有电解质溶液存留，这时构件可能受到电偶腐蚀与缝隙腐蚀的联合作用，增加腐蚀速率。

图 8.50 为铜铝复合材料电偶腐蚀的 SEM 图像。可见在铝基体点蚀发生之前，铜铝界面处已经发生了较为严重的电偶腐蚀，且腐蚀坑比点蚀要更大更深，铝的电极电位要远低于铜，电偶腐蚀的推动力很大，因此在盐雾环境下，界面处的电偶腐蚀行为具有最高优先级。此外，受铝阳极的保护，铜不发生腐蚀，即使长时间暴露于盐雾环境中，铜的腐蚀程度也非常低 (图 8.50)。

图 8.50　铜铝复合板电偶腐蚀 SEM 图像

4. 缝隙腐蚀

许多金属构件是由螺钉、铆、焊等方式连接的，在这些连接件或焊接接头缺陷处可能出现狭窄的缝隙，其缝宽 (一般为 $0.025 \sim 0.1$mm) 足以使电解质溶液进入，使缝内金属与缝外金属构成短路原电池，并且在缝内发生强烈的局部腐蚀[4]。

金属的缝隙腐蚀的特征如下：无论是同种金属或异种金属的连接还是金属同非金属之间的连接都会引起缝隙腐蚀，即缝隙腐蚀可发生在所有的金属及合金上，特别容易发生在依赖钝化耐蚀的金属材料表面上；几乎所有的腐蚀介质 (包括淡水) 都能引起金属缝隙腐蚀，介质可以是任何酸性或中性的侵蚀性溶液，而含有 Cl⁻ 的溶液最易引起缝隙腐蚀；与点蚀相比，同一种材料更容易发生缝隙腐蚀。在 $E_b \sim E_p$ 电位范围内，对点蚀而言，原有的蚀孔可以发展，但不产生新的蚀孔；而缝隙腐蚀在该电位区间，既能发生，又能发展。缝隙腐蚀的临界电位比点蚀电位低。

铜铝复合材料最易发生缝隙腐蚀行为的位置为铜铝界面处，而实际上界面缝隙宽度远远达不到缝隙腐蚀所需要的宽度。但在盐雾环境下，界面处仍发生了缝隙腐蚀行为，如图 8.51 所示。铜铝复合材料缝隙腐蚀发生的原因在于，材料界面处由于扩散偶的存在优先发生了电偶腐蚀，而这种电偶腐蚀坑的扩展、增长与蔓延形成了缝隙腐蚀所需的条件，因此在暴露时间较长的试样中，铜铝界面处都可观察到图 8.51 所示的缝隙腐蚀形貌。

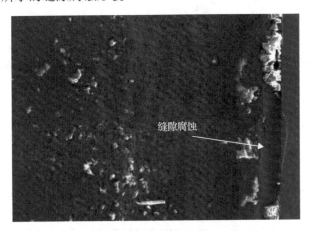

缝隙腐蚀

图 8.51　铜铝复合板缝隙腐蚀 SEM 图像

5. 应力腐蚀

应力腐蚀是指金属或合金材料在拉应力和腐蚀介质的协同作用下产生的断裂现象。腐蚀和拉应力是相互促进的，不是简单叠加，两者缺一不可[5]。应力腐蚀断裂在文献中简称应力腐蚀，国外文献称为 SCC（stress corrosion cracking）。SCC 的特征是形成腐蚀-机械裂纹，这种裂纹不仅可以沿着晶间发展，而且可以穿过晶粒。由于裂纹向金属内部发展，使金属或合金结构的强度大大降低，严重时能使金属设备突然损坏。微裂纹一旦形成，其扩展很快，且在破坏前段有明显的预兆。因此，应力腐蚀是所有腐蚀类型中破坏性和危害性最大的一种。

本书对铜铝复合材料在盐雾暴露试验条件下进行应力加载，在相同暴露时间和相同浓度的盐雾环境下，等值的拉应力与压应力引起了材料腐蚀行为发生变化，如图 8.52 所示。拉应力作用下，材料基体腐蚀较压应力作用下更为明显，说明在拉应力作用下铜铝复合材料表面的钝化膜出现了滑移-溶解行为，导致基体裸露于腐蚀环境中，加速了材料的腐蚀，这也说明铜铝复合材料拉应力作用下的 SCC 断裂倾向更高。

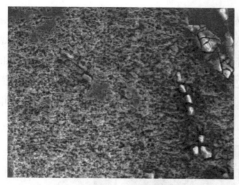

(a) 拉应力作用下的腐蚀形貌　　　　　　　(b) 压应力作用下的腐蚀形貌

图 8.52　铜铝复合板应力腐蚀 SEM 图像

8.4.3　部分服役条件对铜铝复合板腐蚀行为产生的影响

1. Cl⁻浓度的影响[6]

在材料服役的环境下，Cl⁻具有较强的腐蚀作用，对材料的腐蚀影响十分显著。关于 Cl⁻对材料的腐蚀影响，许多学者进行了相关的大量描述。在服役环境中，Cl⁻对铜铝复合板的腐蚀影响主要体现在降低了铜铝复合材料中铝表面上钝化膜形成的可能，同时还会加速钝化膜的破坏，在铝的表面形成点蚀，进而发展成缝隙腐蚀或者全面腐蚀。基于这样的一个影响因素，本书对铜铝复合材料进行了在不同 Cl⁻浓度环境下的加速腐蚀试验，所得到的不同 Cl⁻浓度下的铜铝复合材料腐蚀失重率曲线如图 8.53 所示。结果表明，在相同的试验条件下，随着 Cl⁻浓度的

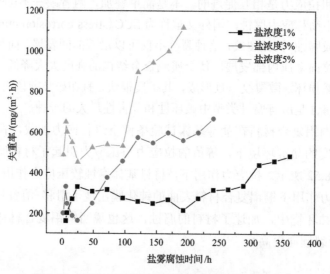

图 8.53　不同 Cl⁻浓度下铜铝复合板腐蚀失重率曲线

持续增加，铜铝复合板的失重率有逐渐上升的趋势。Cl⁻浓度达到 5%时，失重率取得最大值。从图中还可以看出，随着腐蚀时间的延长，失重率的波动开始变得平缓，腐蚀情况也逐渐达到平衡。

2. 温度的影响[7]

温度对铜铝复合板的腐蚀影响也是一个值得探究的因素。当温度升高时，溶液中的离子运动活度较大，进一步加快腐蚀的发生，但是温度升高的另一个影响是导致溶液中氧的溶解度下降。从图 8.54 中可以看到，失重率与温度没有呈现正相关的关系，这是离子运动的活度与氧溶解度共同作用的结果。

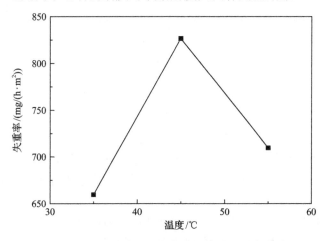

图 8.54　不同温度下铜铝复合板腐蚀失重率曲线

3. 交流电流的影响[8]

电流对腐蚀影响的机理比较复杂，但是已有诸多学者的研究表明，对腐蚀环境下的材料通电，电流会对材料腐蚀行为产生影响，而影响机理众说纷纭。本书对铜铝复合材料进行了实役电流下的盐雾加速腐蚀试验，试验结果如图 8.55 所示。结果表明，在相同试验条件下，铜铝复合材料的腐蚀速率随电流的增加呈先增大后减小的趋势，这与电流对电化学参数的影响以及对附着在材料表面的离子活性的影响与该试验结果密不可分。可见电流对材料的腐蚀行为会产生显著影响。

铜铝复合板在腐蚀的过程中既涉及化学腐蚀又涉及电化学腐蚀过程，其中以电化学腐蚀为主，潮湿的环境为电化学腐蚀的发生提供了必要条件。阳极反应发生在铝基体以及铜铝界面处的金属间化合物上，反应主要为金属铝失去电子变为铝离子，阴极反应分为两种情况，在酸性环境下由于 H⁺的大量存在会发生析氢反应生成氢气，在中性或碱性环境下则发生吸氧腐蚀，氧气参与反应生成 OH⁻，使

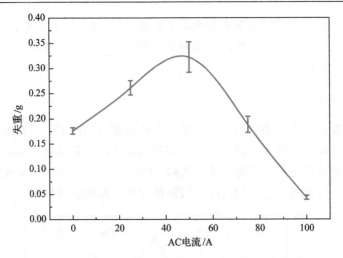

图 8.55　铜铝复合板腐蚀失重量与电流大小的关系

溶液 pH 升高，且这些 OH⁻极易与 Al^{3+} 反应生成 $Al(OH)_3$，作为腐蚀产物覆盖在金属表面，对金属的腐蚀反应过程也起到一定的作用。在腐蚀初始阶段，随着腐蚀时间的延长，耐腐蚀性能维持得较好，这是因为在基体表面覆盖有一层氧化膜，阻碍侵蚀性离子对材料的腐蚀作用，对基体起到保护作用，但随着进一步腐蚀，从极化曲线上可以看出会发生击穿现象，即侵蚀性离子破坏了氧化膜进一步侵蚀基体，使腐蚀加重。

　　铜铝复合材料暴露于盐雾环境下的腐蚀过程为，首先由于铜铝界面形成扩散偶，为电偶腐蚀提供驱动力，在腐蚀初期界面处优先发生电偶腐蚀；随着暴露时间的延长，材料铝基体表面受到 Cl⁻的侵蚀，开始出现点蚀，与此同时电偶腐蚀为缝隙腐蚀提供了条件，因此界面处开始发生缝隙腐蚀；而随着腐蚀程度的加深，材料表面的钝化受到严重破坏，裸露的铝基体面积也越来越大，最终在铝基体上发生了全面腐蚀。铜由于受到铝阳极的保护，即使长时间暴露于盐雾环境下，也几乎不发生腐蚀。铜铝复合材料的 SCC 倾向对拉应力更为敏感。

　　此外，空气中的 Cl⁻会加速铜铝复合材料铝基体表面钝化膜的破裂，进而对腐蚀起到加速作用，但随着暴露时间的延长，这种加速作用趋于平缓；温度同时影响了离子活度与氧溶解度两种因素，因此与腐蚀速率没有明显的线性关系；并且在电流作用下，铜铝复合板的腐蚀速率随电流呈先增大后减小的趋势。

参 考 文 献

[1] 吕世敬, 谢敬佩, 王爱琴, 等. 铜铝复合材料研究进展[J]. 特种铸造及有色合金, 2017, 37(8): 844-849.

[2] 柯伟. 中国工业与自然环境腐蚀调查的进展[J]. 腐蚀与防护, 2004, (1): 3-10.

[3] 刘敬福, 李赫亮. 材料腐蚀及控制工程[M]. 北京: 北京大学出版社, 2010.

[4] 林玉珍. 金属腐蚀与防护[M]. 北京: 化学工业出版社, 2010: 78.

[5] 褚武扬, 谷巘, 高克玮.应力腐蚀机理研究的新进展[J].腐蚀科学与防护技术, 2005, (7): 98-100.

[6] Zhang Y F, Yuan X G, Huang H J, et al., Interface corrosion behavior of copper-aluminum laminated composite plates in neutral salt fog[J]. Materials Research Express, 2019, 6(9): 0965a3.

[7] Zhang Y F, Yuan X G, Huang H J, et al., Influence of chloride ion concentration and temperature on the corrosion of Cu-Al composite plates in salt fog[J]. Journal of Alloys and Compounds, 2019, 821: 153249.

[8] Cheng Y L, Yuan X G, Huang H J, et al. Salt-spray corrosion behavior of a Cu-Al composite plate under AC current[J]. Materials and Corrosion, 2019, 71(4): 608-616.